# ENCYCLOPÉDIE

## POPULAIRE,

OU

### LES SCIENCES, LES ARTS

### ET LES MÉTIERS

MIS A LA PORTÉE DE TOUTES LES CLASSES.

L'instruction mène à la fortune
et conduit au bonheur.

# Les contrefacteurs seront poursuivis selon toute la rigueur de la loi.

*Extrait du Code pénal.*

Art. 425. Toute édition d'écrits, de composition musicale, de dessin, de peinture ou de toute autre production, imprimée ou gravée EN ENTIER OU EN PARTIE, au mépris des lois et réglemens relatifs à la propriété des auteurs, est une contre-façon, et toute contrefaçon est un délit.

Art. 427. La peine contre le contrefacteur, ou contre l'introducteur, sera une amende de cent francs au moins et de deux mille francs au plus; et contre le débitant, une amende de vingt-cinq francs au moins et de cinq cents francs au plus.

La confiscation de l'édition contrefaite sera prononcée tant contre le contrefacteur que contre l'introducteur et le débitant.

Les planches, moules ou matrices des objets contrefaits seront aussi confisqués.

PARIS. — IMPRIMERIE DE FAIN,
Rue Racine, n. 4, Place de l'Odéon.

# LE TOISÉ
# DES BATIMENS,

OU

## L'ART DE SE RENDRE COMPTE,

### ET DE METTRE A PRIX

TOUTE ESPÈCE DE TRAVAUX;

OUVRAGE UTILE
AUX ARCHITECTES, CONSTRUCTEURS ET PROPRIÉTAIRES;

## PAR L. T. PERNOT,
ARCHITECTE, EXPERT PRÈS LES TRIBUNAUX.

## NEUVIÈME PARTIE.

VITRERIE, PAPIERS DE TENTURE,
MIROITERIE, TAPISSERIE.

PARIS.

AUDOT, LIBRAIRE-ÉDITEUR,
RUE DES MAÇONS-SORBONNE, N°. 11.

1829.

# TOISÉ

# DES BATIMENS.

## VITRERIE, PAPIERS DE TENTURE, MIROITERIE et TAPISSERIE.

### DE LA VITRERIE.

*Notions générales.*

Le verre est une cristallisation artificielle, formée de sels, de sables ou de pierres qui entrent en fusion à l'aide d'un feu violent, sans être consumés ; tenace et cohérente lorsqu'elle est fondue, plus transparente qu'aucune autre.

Il est difficile de fixer au juste le temps où l'usage des vitres blanches aux fenêtres s'établit parmi nous. Ce fut environ vers le treizième siècle que les vitres devinrent d'un usage assez journalier, l'usage des vitres blanches s'étant beaucoup étendu vers la fin du seizième siècle. De toutes les façons de vitres, les plus solides sont celles où il y a plus de croix de plomb, soit en sautoir, soit debout, parce que les quatre branches de plomb qui forment cette croix aboutissant l'une à l'autre, arrêtées et réunies par une soudure bien fondue et bien liante, ont toujours plus de force pour le maintien des vitres et pour leur plus grande stabilité, que les autres jointures de plomb qui ne sont composées que de la réunion de deux ou trois bouts de plomb soudés ensemble. On n'emploie plus à Paris dans les vitraux des églises que le losange ou la borne couchée.

La grande régularité dans les différentes façons de vitres consiste en ce que chaque panneau commence et finisse en quatre coins égaux, c'est-à-dire en ce que les pièces de l'extrémité de chaque panneau soient les mêmes en figure et en grandeur.

A chaque coin du panneau, et dans le cas où la mesure donnée des panneaux ne le permettrait pas, cette égalité doit se trouver dans la hauteur des deux panneaux, ou la fin du premier devienne la règle du commencement du second.

On procéda d'abord à cette distribution de la manière suivante : Les vitriers avaient une ou plusieurs tables en bois de chêne ; on imprimait ces tables d'un blanc de légère détrempe à la colle. On traçait en pierre noire la hauteur et la largeur de chaque panneau qu'il fallait exécuter ; on déduisait sur chacune de ces parties la superficie de la verge de plomb qui devait servir à encadrer les pièces de verre destinées à en former l'ensemble. Sans cette précaution, que le vitrier appelle *la diminution du plomb*, le panneau deviendrait et trop haut et trop large. On distribuait ensuite, à l'aide du compas, cette hauteur et cette largeur, en autant de carrés parfaits ou oblongs.

Il y a en vitrerie deux sortes de diminution, l'une plus compliquée et l'autre plus simple. La diminution compliquée ne s'applique que dans les vitreaux totalement circulaires ; on n'emploie guère la diminution que dans les vitreaux qui ont trois panneaux de large. Le vide que laisserait dans le milieu un vitrail qui dans sa partie carrée aurait quatre panneaux de large, devenant trop grand, on ne pourrait qu'y continuer la façon de vitres pleines dans les deux panneaux du milieu, ce qui serait sans grâce, la diminution n'étant gracieuse qu'autant qu'elle forme une espèce de cadre autour d'un autre objet que celui que la façon de vitrer répandrait dans tout le vitrail.

Les outils employés par le vitrier sont une ou plusieurs tables, de grandes règles pour relever la mesure des panneaux d'après les châssis ou vitreaux, des règles à main pour tracer les lignes de hauteur et de largeur sur la table; des compas, dont un grand qu'on appelle ordinairement fausse équerre, pour tracer sur le sable les plus grands compartimens d'un panneau, ce que les vitriers appellent équarrir; et des petits pour y marquer les différens compartimens des différentes façons de vitres, ou pour en faire le calibre; une ou plusieurs grandes équerres de fer poli, percées d'espace en espace pour les clouer et arrêter sur la table, et à biseaux en dehors pour mettre les panneaux à l'équerre, et y introduire un côté de la verge de plomb qui doit les encadrer. Cette équerre peut être d'une seule pièce; elle vaut mieux cependant coupée en deux parties en angle exact, dans le coin où elles doivent se rapprocher.

Les anciens vitriers se servaient du *plaquesin* et de la *drague*. Le *plaquesin* était un petit bassin de plomb grand comme la main, et le plus souvent de forme ronde ou elliptique, dans lequel ils dé-trempaient le blanc dont ils signaient le verre, selon la figure qu'ils voulaient lui donner, d'après les compartimens qu'ils en avaient tracés sur la table. Ils se servaient à cet effet de la *drague*, qui était composée d'un ou deux poils de barbe de chèvre, longs d'un doigt, attachés dans un tuyau de plume, avec son manche comme un pinceau ; on trempait ces poils dans le blanc liquide et broyé à cet effet, en y ajoutant très-peu de gomme, afin qu'il s'attachât sur le verre.

Le calibre demande tant de justesse et de précision, que, pour conserver la régularité dans des vitreaux sujets à l'entretien, et n'en pas déranger l'ensemble, les anciens vitriers faisaient établir en fer ces calibres, armés de pointes à tous les points donnés, ils appliquaient ces points sur le carton, et, d'après ces points essentiels, ils tiraient sur la carte au crayon les lignes nécessaires pour former les pièces entières, demies ou quarts de pièces, qui commençaient et terminaient le bord de chaque panneau.

Les anciens vitriers coupaient le verre le plus épais, soit avec l'émeril, soit avec la pointe d'acier le plus dur, et celle du fer rouge, qui servait à conduire la première langue ou fêlure qu'elle y avait formée, à l'endroit qui avait été mouillé du bout du doigt humecté de salive, en faisant prendre au verre telle figure que l'on désirait suivant la ligne tracée.

Ce ne fut que vers le commencement du seizième siècle que l'on fit usage du diamant pour couper le verre. Les plus estimés par les vitriers sont ceux de couleur incarnate, ou qui en approchent le plus; ils se vendent chez les lapidaires au poids de grain. Les meilleurs sont ceux où une bonne vue peut découvrir plus de pointes ou de coupes, parce que, ces pointes étant plus ou moins sujettes à s'adoucir par un long usage, un diamant qui a plus de pointes peut fournir plus de coupes. Autrefois les vitriers montaient eux-mêmes leurs diamans; aujourd'hui ils ont confié ce soin à des hommes qui se sont fait une profession de monter les diamans, tant à l'usage des vitriers que des miroitiers. Ces hommes, la plupart vitriers eux-mêmes, inventèrent des montures d'une nouvelle forme, dont la virolle de cuivre, dans laquelle ils enchâssent le diamant avec de la soudure d'étain fondu, est enfermée dans un fût d'acier, au travers duquel elle passe. Ils donnèrent à cette monture le nom de rabot. Le côté plat qui frotte le long de la règle se trouve parallèle à la coupe ou pointe du diamant, suivant la flexion habituelle du poignet de celui qui doit s'en servir, et pour lequel on a eu intention de le monter.

On juge de la bonté d'une coupe lorsque, filant avec un cri ni trop doux ni trop dur sur le verre qu'elle presse, elle y forme une trace noire fine, qui s'ouvre lentement, et devient, lorsqu'elle est ouverte, aussi claire qu'un fil d'argent, sans laisser sur la surface du verre aucune poussière blanche, car alors le verre ne serait que rayé sans être coupé. Enfin le meilleur indice de la bonté d'une coupe, c'est lorsqu'après la désunion des deux morceaux qui ont été coupés, on sent au long de la tranche qui forme leur séparation, que les deux surfaces de chaque division sont unies, toute coupe raboteuse étant sujette à former des langues qui peuvent devenir ruineuses au vitrier. Au reste, les mêmes diamans ne mordent pas également sur toutes sortes de verre. Le gréloir est un outil propre à couper le verre, ou au moins à le disposer à la jointure qui doit s'en faire avec le plomb. Il y en a de plusieurs sortes, qui ne diffèrent l'un de l'autre que par la grosseur. Les plus petits, que l'on nomme cavoirs, servent à ronger les contours circulaires et les angles des pièces percées et évidées de toutes figures qui entrent dans la composition des pièces de verre en entrelacs, ou dans les remplissages ou fonds de ces mêmes pièces.

Le plomb que le vitrier destine à joindre les pièces de verre taillées dans l'ordre que demandent les différentes façons de vitres, ne doit être ni trop aigre ni trop doux. Trop aigre, il est plus sujet à avancer la ruine des rouets ou tire-plombs, à se casser, non-seulement lorsqu'on le tire pour l'employer, mais même après l'emploi de la soudure. Trop doux, il se plisse en s'allongeant dans le tire-plomb, ou il se coupe en passant entre les coussinets, ou il se tortille en s'employant. Les vitriers, pour prévenir ces inconvéniens, ont soin, lorsqu'ils sont prêts de fondre leur vieux plomb, de l'énouer, c'est-à-dire, d'en séparer tous les nœuds de soudure qui retenaient les différentes branches de plomb dans la jointure des vieux panneaux. Ces nœuds, ainsi mis à part, entrent dans la composition de la soudure. Le plomb étant ainsi énoué, l'on y ajoute, en le faisant fondre, telle partie de plomb neuf que l'on juge à propos, pour rendre le plomb moins aigre.

Les moules destinés à recevoir le plomb s'appellent lingotières : elles sont composées de deux bandes de fer plat de dix-huit à vingt lignes d'épaisseur sur seize à dix-huit pouces de longueur avant d'être façonnées. Ces deux bandes de fer s'enclavent vers le bas, entrent l'une dans l'autre ; percées vis-à-vis l'une de l'autre, elles se joignent ensemble par une rivure qui les traverse, et en fait une charnière qui les fait mouvoir en rond sans se séparer, et tourner sur un même centre. Chacune de ces bandes de fer opposées entre elles doit être estampée sur la largeur en trois creux de la forme des trois lingots, dont chaque bande doit former la moitié, suivant l'épaisseur que l'on veut donner aux ailerons de chaque côté du lingot ; l'espace qui dans le milieu de chaque creux sépare les ailerons, restant plein sur environ une ligne de face. Ces deux bandes de fer ainsi creusées et refouillées par la lime, serrées l'une contre l'autre, forment, en remplissant leurs creux de plomb fondu, les trois lingots entiers, dont les ailerons sont pleins

et le milieu creux sur l'un et l'autre sens ,
en y conservant néanmoins une certaine
épaisseur qui reste solide , pour en former,
lorsque le lingot passera au rouet ou tire-
plomb , ce qu'on appelle le *cœur de la
verge* de plomb tirée , comme le vide avec
ses ailerons de chaque côté dessus et dessous doit y former la chambrée de ladite
verge de plomb , dans laquelle seront lo-
gées les épaisseurs du verre qu'elle doit servir à joindre.

La partie à laquelle le manche doit être
adapté forme un rond , dont le milieu vide
est traversé par une rivure moins forte que
celle de la charnière. Ce manche est une
tige de fer carrée , terminée par le bas par
une poignée de bois arrondie , et vers le
haut par une embrasure formée de la tige
de ce manche , refendue carrément en deux
branches percées à chaque bout, au travers
desquelles passe la rivure qui joint le tout
ensemble. Cette embrasure, qui se nomme
la *bride de la lingotière*, doit être assez
ouverte pour pouvoir embrasser sans gêne
deux fois au moins l'épaisseur des deux
bandes de fer ensemble. Dans la partie op-
posée , la bande de fer reployée aussi sur
elle-même en dehors , à même hauteur que
la précédente , forme une espèce de coin

renversé ou mentonnet plus fortement serré et pressé par la bride, lorsqu'on appuie plus fort sur le manche, en remplissant la lingotière de plomb fondu.

On remplit la lingotière de plomb fondu avec une cuillère de fer; une lingotière donne trois lingots, dont l'un est séparé de l'autre par un plein d'une ligne et demie de face entre chaque creux; mais ils se réunissent vers le haut dans toute la largeur du moule, par une tête qui s'y forme lorsqu'il est rempli. On coupe cette tête ou avec des cisailles solidement retenues sur le banc du tire-plomb, ou sur un billot avec un maillet et un fermoir, quand on veut séparer les trois lingots l'un de l'autre.

Avant que de passer le lingot au tire-plomb, il est nécessaire de *doler* le plomb. Cette opération se fait en passant un bout de latte dans la ceinture du tablier qui, affermi contre les bords de la table, reçoit le bout de la verge de plomb à laquelle il sert d'appui, pendant que, tenu par l'autre extrémité de la main gauche, la droite enlève les bavures du plomb avec un couteau. Les vitriers font ensuite leur soudure : à cet effet, ils prennent une certaine quantité de nœuds dont il a été parlé ci-dessus. Ils y ajoutent un poids égal du meilleur étain fin qu'ils mettent sur le feu dans une petite marmite de fonte, jusqu'à ce que le tout soit fondu et mélangé ; ils ont soin de faire brûler avec, un peu de poix résine qu'ils jettent dans la marmite, et qui y prend aisément feu. Les cendrées que les nœuds y occasionent sont enlevées avec la cuillère ou poêle percée, alors la soudure est dégagée de toute saleté, pour se couler dans l'instrument appelé *ais* de *soudure*.

L'ais à la soudure est une planche de trois pieds au moins de long sur neuf à dix pouces de large. Cet ais est feuillé en huit espaces de cinq lignes de face, chacun sur trois lignes de profondeur, ayant en tête un demi-cercle plus large que le reste du feuillet, dans lequel on verse la soudure fondue. On verse la soudure que l'on a prise dans la marmite avec une cuillère de fer à bec, dans les enfonçures arrondies qui sont à la tête de chaque feuillet. Plus la soudure est chaude, moins elle s'étale dans le feuillet, et moins la branche est large ou épaisse. Une branche de soudure bien jetée, ne doit avoir au plus que trois lignes de large. On doit toujours entretenir la soudure dans la marmite dans un même degré de chaleur. Trop froide, elle se fige à l'entrée du feuillet, ne coule pas ou donne des branches trop épaisses, ce qui empêche l'ouvrier de souder proprement ; trop chaude, elle donne des branches trop menues, qui donneraient au plomb le temps de se fondre lui-même sous le fer, avant qu'il eût reçu la quantité de soudure qui doit le joindre sans le dissoudre.

Le tire-plomb d'Allemagne est composé de deux jumelles ou plaques de fer trempé, de cinq à six pouces de hauteur, de dix-huit à vingt lignes de face, et de sept à huit lignes d'épaisseur. La jumelle de devant est terminée par le bas par une espèce de pate prise dans le même morceau ; mais amincie pour lui donner plus de face. Cette pate est aussi haute que l'épaisseur du banc sur lequel on doit monter le tire-pied ; ce banc, qui doit être d'un bon cœur de chêne, ne peut être trop solidement arrêté. La pate de la jumelle de devant doit être percée de trois trous, pour recevoir les trois vis en bois qui assujettissent le tire-plomb sur le banc, et l'y retiennent dans un juste niveau.

Ces deux jumelles se joignent ensemble par deux entre-toises à vis et à écroux sur la jumelle de derrière, et rivées sur celle de devant, ce qui donne la facilité de séparer la jumelle de derrière toutes les fois qu'il s'agit de changer les pièces qui garnissent l'intérieur du tire-plomb.

Le tire-plomb d'Allemagne est en outre composé de deux arbres ou essieux en fer trempé, aussi dur que les coussinets. Celui d'en haut se termine du côté de la jumelle postérieure en une forme ronde justement calibrée sur le dé d'acier qui garnit le trou de la jumelle, que cet arbre doit traverser. L'arbre d'en bas est en tout semblable au précédent, pour la faculté de rouler dans les jumelles, de recevoir dans son carré une roue ou bague semblable à celle de l'arbre d'en haut, à la réserve qu'il doit être plus long sur le devant, parce qu'il doit porter plus que lui sur la manivelle qui s'y ajuste au devant du pignon, et doit être retenue par une vis à écrou.

Ces roues ou bagues qui doivent occuper le milieu du corps du tire-plomb, doivent être exactement rondes et passées au tour, ainsi que la partie ronde des arbres. On donne à ces roues ou bagues l'épaisseur que l'on désire de donner à la chambrée de la verge de plomb tirée, pour y loger un verre plus ou moins épais. Un des principaux soins d'un ouvrier en tire-plomb, c'est que ces roues ou bagues soient exactement placées dans le milieu de la verge, et que chaque côté des ailes ne soit ni plus haut ni plus bas que l'autre. Les pignons à qui la manivelle donne le mouvement nécessaire pour l'effet qu'on en attend, sont ordinairement à douze dents, qui doivent être exactement taillées à distances et formes égales, et s'engrener très-juste, sans former aucun cahot très-nuisible à la machine et à la verge de plomb qu'elle produit. La manivelle est ordinairement de fer, formée en S, de dix-huit pouces de longueur, et se termine en saillie par un manche de fer de sept à huit pouces de long, recouvert par une poignée de bois arrondie et tournant autour de la tige, rivée au bout par une petite plaque de fer ou de cuivre, que les deux mains puissent embrasser, une dessus, l'autre dessous, pour la faire mouvoir. C'est cette manivelle qui fait tourner l'arbre d'en bas par le moyen de son pignon qui, s'engrenant dans celui de dessus, fait aussi tourner l'arbre d'en haut. Alors le lingot de plomb fendu dans le milieu par les roues qui en forment le cœur, passe entre les coussinets qui en pressent les ailes et les aplatissent des deux côtés, et à proportion que les engorgeures des coussinets sont plus ou moins enfoncées, donnent à la verge de plomb des ailes plus ou moins épaisses.

Le tire-plomb simplifié par les Français a par le bas, de chaque côté, deux empatemens d'environ deux pouces de saillie, posés à plat sur le banc du tire-plomb. Chaque jumelle est percée à distance égale de quatre trous. Celui d'en haut et celui d'en bas servent à faire passer dans la jumelle de devant les vis des deux entretoises destinées, comme dans le tire-plomb d'Allemagne, à assembler les deux jumelles, avec les mêmes précautions relatives au rafraîchissement des coussinets. Les deux trous parallèles de la jumelle de derrière servent à introduire les talons qui doivent former sur cette partie les rivures de chaque entretoise. Les deux trous du milieu de chaque jumelle sont ouverts en un rond calibré sur la grosseur des arbres qui doivent y tourner. Chaque arbre porte dans son milieu une roue saillante prise dans le même morceau que l'arbre, polie et arrondie au tour, et taillée sur son épaisseur de demi-ligne en demi-ligne, comme dans le tire-plomb d'Allemagne.

Ces arbres se terminent en suite de la

partie ronde qui doit rouler dans la jumelle de derrière , par un carré plus petit
que cette partie ronde , saillant hors des
jumelles , dans chacun desquels passe un
des pignons calibrés dans leur ouverture
du milieu sur le même carré , ils y sont
retenus par un écrou à vis. L'arbre d'en
haut, qui passe dans la jumelle de devant,
n'excède point en saillie l'arrasement
de la surface de ladite jumelle. Les
tire-plombs français s'arrêtent sur le banc
avec quatre vis en bois , qui passent au
travers des trous percés dans chaque empatement des deux jumelles , ou bien ils
y sont retenus par des montures qui se
terminent en haut par un T , et qui serrent de chaque côté les deux empatemens,
et passent à travers l'épaisseur du banc ,
que l'on garnit en dessus d'une forte semelle de fer , contre laquelle l'écrou serre
la vis plus étroitement qu'elle ne le serait
contre le bois nu. Dans le tire-plomb de
France et d'Allemagne, on pratique du
côté de la plus grande engorgeure des
coussinets une plaque ordinairement de
cuivre ou de tôle polie qui s'y applique ,
ou en coulisse sur le bord des deux jumelles, ou par une espèce de ressort ajusté

sur l'entretoise d'en haut. Au milieu de cette plaque est percé un trou carré, directement opposé à l'engorgeure. On nomme cette plaque le *conducteur*, parce que le lingot passant au travers de ce carré se trouve dans un point de direction qui l'empêche de vaciller à droite ou à gauche lorsqu'il file dans le tire-plomb. Ce conducteur facilite aussi aux roues le moyen de presser également le cœur du lingot ou de l'embauche. Enfin, sur le côté opposé et vis-à-vis la plus petite engorgeure des coussinets, à sa hauteur, on ajuste une coulisse de bois de cinq à six pieds de longueur, qui reçoit la verge de plomb au sortir du tire-plomb.

La plus grande propreté est nécessaire pour conserver le plomb fondu en lingot, avant de le faire passer au tire-plomb, parce qu'un grain de sable serait dans le cas de faire casser une roue, d'écorcher un coussinet, ou de faire égrener les dents d'un pignon. Il y a des tire-plombs d'Allemagne qui peuvent donner des verges de plomb depuis une ligne de face, et depuis au-dessous d'une ligne jusqu'à deux lignes de chambrée.

Dans le tire-plomb français, le changement des coussinets y ajustés peut bien opérer des plombs de faces différentes ; mais les roues n'étant pas amovibles, et ne faisant qu'un avec l'arbre, lorsqu'on a besoin d'une chambrée plus ou moins large, d'un cœur plus ou moins fort, il faut sur un tire-plomb autant de paires d'arbres qu'on en désire de différentes chambrées ou cœurs, ce qui augmente le prix du tire-plomb. On appelle *tourner le plomb* l'opération qui se fait par le tire-plomb. Ce n'est pas de la largeur de la face d'une verge de plomb que dépend la solidité des vitres. Un bon plomb est celui qui, ayant une bonne ligne de cœur, est fortifié vers le milieu dans ses ailes en s'amincissant vers leur bord, pour donner la facilité convenable pour les relever lorsqu'il s'agit d'y insérer de nouvelles pièces à la place de celles qui se cassent. Cette espèce de plomb, surtout lorsqu'il est un peu arrondi sur le milieu de sa surface, est d'un très-bon usage pour la jointure des vitres peintes, où le verre plus épais a aussi besoin d'une plus haute chambrée, ainsi que d'une plus forte épaisseur dans le cœur de la verge, à cause de sa pesanteur. Le plomb de jointure ne doit presque point avoir d'ourlet sur le bord des ailes, car alors, n'étant pas sujet à se plisser, il prend mieux la forme des contours qu'il enchâsse, et leur donne plus de solidité par son adhésion. Un plomb plus étroit assujettit le vitrier à maintenir un panneau de jointures peintes dans sa première forme, lorsqu'il le remet en plomb neuf, car pour peu qu'il altère avec le gréloir la première ordonnance des pièces, lorsque le tout a été bien mis ensemble dès la première fois, un plomb étroit décèlera bientôt sa faute, en laissant apercevoir du jour en certains endroits. Il existe encore un autre tire-plomb avec lequel on tire des plombs de dix lignes de largeur, et qui contiennent le long de leur axe un gros fil de fer.

On doit avoir plusieurs lingotières pour fondre les verges de plomb de la dimension proportionnée à la force et à la largeur que l'on doit passer dans le tire-plomb ; il en est de même des coussinets et des roues. On fait des verges depuis six lignes jusqu'à dix lignes de largeur. Dans celles-ci le fil de fer est bien plus gros que dans les premières. Lorsqu'on doit assembler de ces verges de plomb pour monter une vitre, on coupe d'abord le plomb avec le couteau propre à cet usage, et l'on se sert d'une lime pour couper le fil de fer. On ménage si bien les choses, qu'on ne coupe le fil de fer que des verges d'en haut et d'en bas, qui aboutissent contre une verge horizontale, dont on se garde bien de couper le fil de fer.

Les outils propres à employer les verges de plomb tourné pour en faire des vitres, outre la table et l'équerre de fer à biseau, sont la *tringlette*, le *couteau à mettre en plomb*, la *boîte à la résine* et l'*étamoir*, le *fer à souder* et les *mouflettes*.

La manière de souder demande, de la part du vitrier, beaucoup d'attention pour bien souder; il ne faut point que le plomb ait contracté aucune humidité, ni ait été sali par aucun corps gras. Ces inconvéniens empêcheraient la soudure, en se fondant avec le plomb, dont elle doit lier et réunir les assemblages sans les dissoudre, et le mettant lui-même en fusion, ce qui arriverait si le fer était trop chaud ou s'il n'était pas bien étamé. Une des principales attentions qu'un bon soudeur apporte, c'est de bien connaître le degré de chaleur d'un fer à souder. Trop chaud, il ne s'étame pas bien, et court risque de faire fondre le plomb, ce qu'on appelle *brûler la soudure*. Trop froid, il donne

une soudure épaisse et mal fondue qui ne
lie point les parties qu'elle devait réunir,
parce qu'elle ne sent point assez la chaleur
pour s'y étendre. Ce côté du panneau par
lequel on a commencé et fini l'ouvrage,
et que l'on appelle du *soudé*, on le tire de
l'équerre à biseau. On en rabat les bords
avec la tringlette, on le brosse pour en
enlever la poussière ou la poudre de résine
qui aurait pu y séjourner, et on le retourne
de l'autre côté. On rabat les ailes du plomb
avec la tringlette, que l'on passe aussi sur
toutes les jonctions du plomb.

Les panneaux de vitres se placent ordinairement, ou dans des châssis de bois
dormans ou ouvrans, que les menuisiers
nomment croisées à la française, dans des
bâtimens ordinaires ; ou dans des vitreaux
de fer, ou dans des formes de vitres divi-
sées par des meneaux de pierre, comme
dans les églises. Avant de placer un panneau de vitres dans un châssis de bois, si
c'est un vieux châssis on a grand soin de
retirer, du fond des feuillures, toutes les
petites pointes rompues qui pourraient s'y
loger.

Les vitriers nomment barlotières ces
traverses de fer, moins fortes ordinairement d'épaisseur et de face que la traverse

dormante, parce qu'elles n'ont pas un poids si lourd à supporter. Les *nilles* dont elles sont garnies y font la même fonction que dans les vitreaux de fer. Quant aux verges qui doivent maintenir le panneau en force, elles sont retenues dans la rainure ou dans les feuillures des meneaux et des murs, creusées à cet effet avec la besaiguë, dans lesquelles on les inserre par forme de revêtissement. Lorsque les vitres neuves sont posées en place, les verges étant arrêtées par les attaches dont on les entortille avec les doigts, on les scelle sur chaque rainure ou feuillure en dehors si elles sont posées en dehors, ou en dedans si elles le sont en dedans, en plâtre ou en mortier, avec une petite truelle de fonte, de cuivre ou de fer, formée comme une feuille de laurier.

Les vitriers se servent, pour préparer le plâtre ou mortier, d'une petite auge de bois, moins étendue que celle des couvreurs, percée vers le haut de chaque côté, sur sa longueur, de deux trous dans lesquels ils font passer une corde qui sert d'anse, et retenue par un crochet de fer en S, qui la tient suspendue sous la main de l'ouvrier dans un des bâtons de l'échelle, dont il se sert pour poser les vitres en place. S'il se trouve dans ladite forme de vitres une seconde, ou même une troisième traverse dormante, semblable à celle qui supporte la partie cintrée, le vitrier doit tenir, par rapport aux espaces qui se trouvent entre chacune des dites traverses dormantes, le même ordre, en allongeant ou raccourcissant les échiquiers sur leur hauteur seulement.

Le vitrier relève exactement le plan de la partie cintrée des amortissemens, observant la largeur de la pierre du fond de ses feuillures ou rainures, et tous les compartimens qui en règlent l'ordonnance qu'il trace sur le papier à pouce pour pied : il prend ensuite pour règle les échiquiers qui ont donné le calibre qu'il a suivi dans la partie carrée, en observant de mettre toujours dans le milieu la pièce principale de la façon de vitres qu'il y a suivie ; il les trace sur toute la hauteur et sur toute la largeur de la dite partie cintrée, comme si toute cette partie ne devait faire qu'un seul panneau, et laissant nus les contours de la pierre sur laquelle ses traits ont passé, il se contente de dessiner la façon de vitres dans les vides qui doivent être remplis de vitres, dont la pierre est censée occuper la place dans toute son ordonnance. Il répète ensuite la même opération en grand pour y couper toutes les pièces et les joindre avec le plomb lorsqu'elles sont coupées. Les panneaux de vitres neuves en plomb se paient au vitrier au pied superficiel de cent quarante-quatre pouces carrés.

Dans les maisons particulières, lorsqu'on les loue à un locataire, il est d'usage de lui donner les vitres nettes par la main du vitrier ; si ce sont des panneaux, on doit les lui donner sans pièces cassées ni fêlées, et il est d'usage de les lui rendre en même état, à moins que le propriétaire ne jugeât à propos d'en excepter les pièces fêlées : alors il en constate le nombre avec le locataire, qui les lui rend en même nombre. Le renouvellement des panneaux neufs est toujours à la charge du proprié-taire, quand il est hors d'état de prouver que c'est par violence que le plomb en a été altéré. Les pièces fêlées, ainsi que les panneaux qui se sont tassés par le mauvais état des châssis, et sont devenus trop courts ou trop étroits, les pièces du bord qu'il faut réformer, pour en fournir de plus longues, sont à la charge du propriétaire. Quand le locataire veut nettoyer les vitres en panneaux, ou pour entretenir la clarté et la propreté dans sa maison, ou pour les

rendre nettes et en bon état en la quit-
tant, on nomme cette réparation *raccou-
trage*.

Quand il s'agit de rendre les panneaux
de vitres en état comme réparation locative, le locataire est tenu des pièces de
verre cassées, des verges de fer qui retiennent les panneaux de verre en plomb,
lorsqu'elles manquent ou qu'elles sont cassées, à moins qu'on ne reconnût que des
pailles, qui étaient dans les verges de fer,
eussent contribué à les faire casser, car
alors elles seraient au compte du propriétaire. Il est d'usage de donner les vitres
d'une église à l'entretien. Pour ce, il est
convenable de constater de part et d'autre
l'état des vitres, et, d'après cet état, fixer
au vitrier, par un bail de six ou neuf an-
nées, la quantité de panneaux qu'il sera
tenu de lever dans l'église pour les nettoyer, et celle qu'il conviendra d'en re-
mettre en plomb neuf, l'ordre qu'il doit
tenir dans cette réparation annuelle, au
moyen duquel le fabricien sera sûr de la
quantité d'ouvrage que le vitrier aura faite,
comme le vitrier de la juste valeur de son
paiement ; mais, ce qui vaut encore mieux,
c'est de payer au vitrier les réparations à
l'estimation.

L'art du vitrier ne s'exerce plus guère aujourd'hui que dans l'emploi qui se fait du verre en grands carreaux coupés, ou dans des plats qui sortent des verreries de Normandie en paniers, ou dans des tables de verre qui viennent de l'Alsace, de la Franche-Comté, etc. La manière la plus ancienne d'employer le verre, et qui n'est plus en usage, consistait à entourer les grands carreaux de plomb neuf, en les contre-collant par derrière avec des bandes de papier étroites. Les procédés les plus usités aujourd'hui sont, 1°. de coller les carreaux attachés en feuillure avec pointes, ou par dessous seulement, ou par dehors, ou par dedans, ce qu'on appelle *contre-coller*; 2°. à les recouvrir de bandes de mastic.

Comme en coupant les carreaux de verre d'une croisée quelconque sur le carton où l'on en a tracé la mesure, parce que plus souple que la table, il se prête plus aisément aux sinuosités de la surface du verre, l'inégalité des mesures des carreaux dans une même croisée exige du vitrier de laisser à chaque carreau une bonne ligne d'équerre à recouper, en les plaçant en feuillure. Il doit disposer ses carreaux de manière que les plus défectueux soient

hors de vue. L'ouvrier qui a levé les carreaux de rang les replace, lorsqu'ils sont
nets, dans le même ordre dans la feuillure, où il les attache avec quatre clous
d'épingles, dits sans tête. Le papier dont
les vitriers se servent le plus ordinairement pour coller les carreaux, est du carré
moyen entier, beau, dit *bon trié*, de
quinze pouces trois quarts de haut sur
vingt pouces de large, ou du papier bulle
de Thiers en Auvergne, dit *à la main*,
haut de douze pouces et large de vingt.

Le papier se coupe sur deux sens, ou sur
la hauteur, pour former ce que les vitriers
appellent des bandes de hauteur, qu'ils
emploient aussi sur la largeur des feuillures, lorsqu'elle excède dix pouces, ou sur
toute la largeur, pour en faire ce qu'ils
appellent des *bandes d'équerre*. Ces bandes
sont ordinairement de onze à douze lignes
de face. Le papier à contre-coller se coupe
aussi par bandes, mais plus étroites, car
elles ne doivent pas porter plus de quatre
à cinq lignes de face. On les coupe ordinairement de mesure juste, pour entourer
le carreau à quatre reprises, c'est pour-
quoi l'on n'en coupe que pour le besoin.
Pour coller, il est bon que la colle soit
prête un jour avant que d'être employée :

trop chaude, elle formerait trop d'épaisseur sur le papier, et serait en outre plus long-temps à sécher. Lorsque la colle est un peu trop épaisse, on peut la détremper avec un peu d'eau froide ou chaude, en mêlant bien le tout, jusqu'à ce qu'il soit réduit en une consistance égale, de façon qu'il ne perce pas trop le papier.

Les vitriers, pour étendre la colle sur le papier, se servent d'une planche en bois de deux pieds de long au moins, et de douze à quinze pouces de large. Ils se servent aussi d'une brosse appelée pinceau à la colle; son manche est de neuf à dix pouces de longueur, le volume par le bas d'environ six pouces de circonférence. C'est avec le bout de ce pinceau qu'ils prennent la colle dans un petit seau, auquel ils ajustent un gros fil de fer pour le transporter d'un lieu à un autre.

Les bandes de papier étant collées sur la planche, le vitrier les enlève l'une après l'autre, en les prenant par l'extrémité qui est à sa gauche; il en laisse couler la plus grande partie dans le creux de la main gauche, et commençant par le bas du châssis qu'il a disposé à cet effet sur la table, tenant de la main droite l'autre extrémité de la bande; après l'avoir appli-

quée sur l'angle de la feuillure, il la conduit en droite ligne au long du carreau
avec le bout des doigts, de manière que
le bord de la bande appliquée ne paraisse
pas excéder par dedans le bord de la feuillure. Ensuite, rompant la bande vis-à-vis
ce qui lui en reste dans la main gauche,
il s'en sert pour continuer la largeur du
carreau qui est sur la même ligne, ou
pour la première hauteur si elle se trouve
assez longue pour en faire l'équerre. Il
continue ainsi de bande en bande, de
manière que le haut recouvre le bas, ce
qu'on appelle coller en tuile. Il doit ob-
server encore de bien appliquer la bande
dans les angles des feuillures, autour des
pointes, pour l'empêcher de se lever.

L'usage est d'accorder une plus-value
au vitrier : 1°. pour le carreau de verre
dont la superficie excède un pied en carré;
2°. de toiser un carreau circulaire, comme
carré dans sa superficie, en multipliant
sa plus grande hauteur par sa plus grande
largeur; 3°. dans les impostes en éven-
tail, qui dominent sur des croisées neuves,
ils prennent le dans-œuvre de tout l'imposte, c'est-à-dire, son diamètre et son
demi-diamètre, et multiplient l'un par l'autre, et le produit est le nombre de pouces

carrés que doit être comptée l'imposte, sans rien rabattre, ni pour l'étendue du vide circulaire, ni pour les petits bois, à cause des pertes, déchet, casse et sujétion de la coupe du verre.

Le mastic se fait avec le blanc d'Espagne écrasé et passé au tamis de crin ordinaire. On le délaie avec l'huile de lin, après avoir mêlé un peu de blanc de céruse dans les proportions de deux onces par livre d'huile. On pétrit le tout ensemble, en l'agitant et le battant jusqu'à ce qu'il ait acquis la consistance de la pâte à faire le pain. Pour tenir le mastic moins ferme, et empêcher qu'il ne durcisse sitôt, on emploie l'huile d'œillette ou semence de pavot, comme plus onctueuse.

Pour mastiquer les croisées, il faut que les châssis soient peints jusqu'au fond des feuillures, au moins en première couche, ou encore qu'on les ait frottés avec de l'huile, afin que le mastic y soit plus adhérent, et qu'il soit moins sujet à s'écaler. Il est d'usage, et avantageux même pour le mastic, de ne passer la seconde couche en huile sur le châssis du côté des feuillures, qu'après que les carreaux en ont été mastiqués, cette couche formant sur le mastic une croûte qui le conserve. Le pied de verre mastiqué se paie ordinairement deux sous par pied plus cher que le verre collé, à cause de l'emploi du temps et de la plus forte dépense que le mastic emporte, et encore parce que le verre, pour être mastiqué, demande plus de choix. Les carreaux de verre, trop gauches ou bombés, tels surtout que ceux qui approchent le plus de ce nœud qui se trouve au milieu d'un plat de verre, que l'on nomme la *boudine*, et qui s'élèvent au-dessus de la feuillure, ne sont pas propres à être mastiqués.

Le lavage des vitres, soit collées ou mastiquées, est mis au rang des réparations locatives. Le propriétaire doit les vitres nettes au locataire qui entre dans sa maison, et le principal locataire doit les donner telles au sous-locataire qui vient y occuper une chambre ou un appartement. Il est donc juste que l'un et l'autre les rendent telles en sortant. Le principal locataire est tenu de rendre toutes les vitres saines et entières, sans boudines ni plombs qui joignent celles qui sont fêlées, lorsqu'il s'agit de grands carreaux ; à moins qu'on n'eût constaté par un état signé double par les parties, que les vitres n'ont pas été données nettes par la main du vitrier, ou qu'il y avait un tel nombre de carreaux fêlés, joints avec des plombs en écharpe. Sans cette précaution, il est présumé que le principal locataire les a reçus sains et entiers, et en bon état de toutes réparations, il est dans le cas obligé de les rendre tels.

Quant aux croisées des escaliers, si c'est un principal locataire qui tient la totalité de la maison à bail, l'entretien de l'escalier devient sujet aux réparations locatives, lorsque les vitres en sont sales, ou qu'il y en a de cassées, ou hors de places. S'il n'y a point de principal locataire, ou que ce soient différens locataires qui tiennent les lieux du propriétaire même, les réparations des vitres de l'escalier sont à la charge du propriétaire, à moins qu'il n'ait eu soin, dans ses baux particuliers, de charger chacun de ses locataires des vitres de l'étage de l'escalier qui a rapport à son appartement. Clause également réciproque entre le principal locataire et le sous-locataire. La réparation des vitres collées en papier consiste à lever l'ancien papier en les lavant, après les avoir levées de rang hors des châssis, les replacer lorsqu'elles sont nettes dans le même ordre, à les attacher en feuillures avec pointes, et à les recoller en papier neuf. Le nettoyage des carreaux consiste à les nettoyer avec le blanc d'Espagne détrempé avec l'eau. Enfin la réparation locative consiste à remplacer les carreaux cassés, à les remastiquer, et à fournir du mastic neuf où il s'en est levé ou écaillé.

Pour faire le verre en plat, on emploie, sur 70 parties de sable, 60 parties de soude de varec, 27 parties de cendre, et un 40e. de partie d'azur, ce dernier est employé pour détruire la partie colorante : si au lieu de cendre on se sert d'alcali pur, il ne faut qu'une partie de celui-ci sur 2 parties de sable. La fritte consiste à jeter dans un four cette composition de substances, qui, exposées à la flamme, se calcinent et s'amalgament. Lorsque la matière est rouge, on l'enferme dans des pots ou creusets de fonte, que l'on met de suite dans un autre four pour en obtenir la fusion. La fusion étant complète et débarrassée de tout le suin, on écrème les creusets pour en ôter les ordures, puis on fait affiner le verre, c'est-à-dire, qu'on le chauffe à un degré tel, qu'il n'y ait plus de bulle sur le bain, ensuite on retire le feu et on ferme le four ; on attend, que la matière, en refroidissant, ait acquis une consistance malléable pour pouvoir être fabriquée ; puis on cueille le verre du dedans des creusets, on le roule et on le reporte plusieurs fois au four, pour former ce que l'on appelle la bosse avec paraison ; celle-ci étant parée, on la souffle. Par cette action, on l'étend jusqu'à ce qu'on ait donné à cette masse vitreuse la forme d'un plat d'environ deux pieds de diamètre.

La recuisson consiste à amener le verre à un parfait refroidissement ; à cette fin on en dépose les plats dans des vases de terre cuite chauffés au même degré où se trouve la matière en sortant de la fabrication ; puis on place ces vases dans des fours portés au même point de chaleur, mais qu'il faut laisser évaporer d'une manière imperceptible ; sans ces précautions, le passage du chaud au froid nuirait à la conservation du verre. Le verre en feuille ou verre d'Alsace se nomme aussi verre en manchon, parce qu'on lui donne cette forme dans sa fabrication. Ce verre exige la même préparation des substances et la même fusion que le dernier ; mais il diffère par les fondans et leur dose, ainsi que par les procédés de fabrication. La blancheur du verre d'Alsace dépend autant de la blancheur du sable que d'une forte calcination qu'on lui fait subir à la fritte. On emploie les fondans et les doses dans les quantités suivantes :

Sur 50 parties de sable, 28 parties de soude d'Alicante, 20 parties de cendre, 6 parties de salin ou potasse, et un 80e. de partie de cobalt, et quelquefois autant d'arsenic. La fusion de ces substances étant faite, on cueille le verre, on fait la paraison de la bosse, et on la souffle de même que pour le verre précédent, mais au lieu que ce soit dans un état libre, l'opération se fait dans un moule qui lui donne la forme d'un cylindre ; chaque manchon soufflé est déposé sur un chevalet, pour y refroidir par le moyen de l'air libre. La forme cylindrique l'empêche de casser en refroidissant. Le manchon étant refroidi, il faut le fendre et l'aplatir, ou le déployer pour lui donner la forme qu'il doit avoir. Cette opération se fait avec un fer tranchant et rouge, que l'on passe dans la hauteur du manchon pour le faire éclater ; lorsque le feu n'a pas opéré cette désunion, il suffit pour l'obtenir d'en mouiller le passage. Afin de parvenir à l'aplatissement de ces manchons, on les transporte succes-

sivement dans deux fours contigus et chauffés à un degré différent ; on les fait d'abord
lentement passer dans le premier, afin de
ne les exposer qu'à une chaleur modérée ;
par une ouverture ménagée à celui-ci,
on les introduit dans le second, dont le
degré calorique doit être tel, que la matière puisse devenir assez molle pour pouvoir s'étendre ; alors le manchon se déroule
et s'aplatit sur une forme placée au milieu
du foyer.

Le verre de Bohème est en tout semblable au précédent. On le souffle de même
en manchon ; la potasse la mieux calcinée,
et le sable le plus blanc, forment la base de
la composition de ce verre. Voici quelle
est sa composition la plus usitée : 200 parties de sable, 120 parties de potasse, 14
parties de chaux, et un 5e. de partie de
manganèse. Le plus beau verre est celui
qui vient de Saint-Quirin. Le verre de
couleur se compose de substances primitives employées dans la fabrication du verre
de Bohème ; pour le colorer, on y ajoute
diverses chaux métalliques ; ces chaux sont
le cobalt calciné et pulvérisé pour le verre
bleu, le plomb pour le verre jaune, l'an-
timoine pour la couleur hyacinthe, et la
manganèse pour la couleur pourpre. Le

verre gras est opaque, laiteux dans ses parties, ou bien rempli de nuances vaporeuses ou de flocons blancs, enfin un verre qui, étant privé en tout ou en partie de sa transparence, cesse d'être parfait. Le verre de Bohème est seul sujet à devenir gras.

Le verre plat se vend au panier, et ce panier est composé de vingt-quatre plats. Le verre d'Alsace se vend à la feuille, ces feuilles changent de prix suivant leurs dimensions. Le verre blanc se vend au paquet, la dimension des feuilles détermine le nombre de celles dont chaque paquet doit être composé.

# TARIF

*Des prix du verre d'Alsace mesuré au pied de roi.*

———

## Le paquet étant de 9 fr. 45 c.

———

### PREMIÈRE CLASSE.

| Dimensions des feuilles en pouces. | | Nombre de feuilles pour un paquet. | Prix de chaque feuille. | | Prix du pied carré. | |
|---|---|---|---|---|---|---|
| po. | po. | | fr. | c. | fr. | c. |
| 10 sur 10 | | 30 feuilles. | 0 | 31 | 0 | 45 |
| 11 | 10 | 28 id. | 0 | 34 | 0 | 45 |
| 12 | 10 | 26 id. | 0 | 36 | 0 | 43 |
| 12 | 11 | 23 id. | 0 | 41 | 0 | 45 |
| 13 | 11 | 21 id. | 0 | 45 | 0 | 45 |
| 14 | 11 | 19 id. | 0 | 50 | 0 | 47 |
| 16 | 10 | 18 id. | 0 | 52 | 0 | 47 |
| 18 | 9 | 17 id. | 0 | 56 | 0 | 50 |
| 18 | 10 | 16 id. | 0 | 5) | 0 | 47 |
| 18 | 11 | 31 f. p. 2 paq. | 0 | 61 | 0 | 44 |
| 20 | 10 | 15 feuilles. | 0 | 63 | 0 | 45 |
| 20 | 11 | 29 f. p. 2 paq. | 0 | 65 | 0 | 43 |
| 21 | 12 | 27 id. | 0 | 70 | 0 | 44 |
| 21 | 12 | 12 feuilles. | 0 | 79 | 0 | 45 |
| 20 | 14 | 21 f. p. 2 paq. | 0 | 90 | 0 | 46 |
| 19 | 16 | 9 feuilles. | 1 | 5 | 0 | 50 |
| 20 | 16 | 17 f. p. 2 paq. | 1 | 11 | 0 | 50 |

## DEUXIÈME CLASSE.

| Dimension des feuilles en pouces. | Nombre de feuilles pour un paquet. | Prix de chaque feuille. | | Prix du pied carré. | |
|---|---|---|---|---|---|
| po.  po. | | fr. | c. | fr. | c. |
| 21 sur 16 | 8 feuilles. | 1 | 18 | 0 | 51 |
| 21  17 | 7 *id.* | 1 | 35 | 0 | 54 |
| 20  19 | 13 f. p. 2 paq. | 1 | 45 | 0 | 55 |
| 22  18 | 17 f. p. 3 paq. | 1 | 67 | 0 | 61 |
| 22  19 | 5 feuilles. | 1 | 89 | 0 | 65 |
| 24  18 | 9 f. p. 2 paq. | 2 | 10 | 0 | 70 |
| 24  19 | 21 f. p. 5 paq. | 2 | 25 | 0 | 71 |
| 24  20 | 19 f. p. 5 paq. | 2 | 49 | 0 | 75 |

## TROISIÈME CLASSE.

| Dimension | Nombre | Prix feuille | | Prix pied | |
|---|---|---|---|---|---|
| 25 sur 20 | 7 f. p. 2 paq. | 2 | 70 | 0 | 78 |
| 24  22 | 13 f. p. 4 paq. | 2 | 91 | 0 | 79 |
| 26  21 | 3 feuilles. | 3 | 15 | 0 | 83 |
| 28  20 | 11 f. p. 4 paq. | 3 | 44 | 0 | 88 |

## QUATRIÈME CLASSE.

| Dimension | Nombre | Prix feuille | | Prix pied | |
|---|---|---|---|---|---|
| 27 sur 22 | 5 f. p. 2 paq. | 3 | 78 | 0 | 92 |
| 28  50 | 9 f. p. 4 paq. | 4 | 20 | 0 | 98 |
| 29  22 | 2 feuilles. | 4 | 73 | 1 | 7 |
| 30  22 | 7 f. p. 4 paq. | 5 | 40 | 1 | 18 |
| 32  21 | 3 f. p. 2 paq. | 6 | 30 | 1 | 35 |
| 32  22 | 5 f. p. 4 paq. | 7 | 56 | 1 | 55 |

## *Tarif du verre de Bohème.*

## Le paquet étant de 21 fr. 50 c.

### PREMIÈRE CLASSE.

| Dimension des feuilles en pouces. | | Nombre de feuilles pour un paquet. | Prix de chaque feuille. | | Prix du pied carré. | |
|---|---|---|---|---|---|---|
| po. | po. | | fr. | c. | fr. | c. |
| 14 sur 10 | | 16 feuilles. | 1 | 35 | 1 | 39 |
| 14 | 11 | 15 *id.* | 1 | 43 | 1 | 34 |
| 15 | 11 | 14 *id.* | 1 | 54 | 1 | 34 |
| 15 | 12 | 13 *id.* | 1 | 65 | 1 | 32 |
| 16 | 12 | 12 *id.* | 1 | 79 | 1 | 31 |
| 16 | 13 | 11 *id.* | 1 | 95 | 1 | 35 |
| 17 | 13 | 10 *id.* | 2 | 15 | 1 | 40 |
| 17 | 14 | 19 f. p. 2 paq. | 2 | 26 | 1 | 37 |
| 18 | 14 | 9 feuilles. | 2 | 39 | 1 | 37 |
| 18 | 15 | 17 f. p. 2 paq. | 2 | 53 | 1 | 35 |
| 19 | 15 | 8 f. p. 2 paq. | 2 | 69 | 1 | 32 |
| 19 | 16 | *id.* | *id.* | | *id.* | |
| 20 | 16 | 15 f. p. 2 paq. | 2 | 87 | 1 | 25 |
| 20 | 17 | *id.* | *id.* | | *id.* | |
| 21 | 17 | 7 feuilles. | 3 | 7 | 1 | 24 |
| 21 | 18 | 13 f. p. 2 paq. | 3 | 31 | 1 | 26 |
| 22 | 18 | 6 feuilles. | 3 | 58 | 1 | 30 |

| Dimension des feuilles en pouces. | | Nombre de feuilles pour un paquet. | Prix de chaque feuille. | | Prix du pied carré. | |
|---|---|---|---|---|---|---|
| po. | po. | | fr. | c. | fr. | c. |
| 22 sur 19 | | 11 f. p. 2 paq. | 3 | 91 | 1 | 35 |
| 23 | 19 | 5 *id.* | 4 | 30 | 1 | 42 |
| 23 | 20 | 9 f. p. 2 paq. | 4 | 78 | 1 | 46 |
| 24 | 20 | *id.* | *id.* | | *id.* | |
| 24 | 21 | 4 feuilles. | 5 | 37 | 1 | 53 |

## DEUXIÈME CLASSE.

| | | | | | | |
|---|---|---|---|---|---|---|
| 25 sur 21 | | 23 f. p. 6 paq. | 5 | 61 | 1 | 54 |
| 26 | 21 | 7 f. p. 2 paq. | 6 | 14 | 1 | 62 |
| 26 | 22 | 13 f. p. 4 paq. | 6 | 62 | 1 | 67 |
| 27 | 22 | 3 *id.* | 7 | 17 | 1 | 74 |
| 27 | 23 | 27 f. p. 10 paq. | 7 | 96 | 1 | 85 |
| 28 | 23 | 5 f. p. 2 paq. | 8 | 60 | 1 | 92 |

## TROISIÈME CLASSE.

| | | | | | | |
|---|---|---|---|---|---|---|
| 29 sur 23 | | 9 f. p. 4 paq. | 9 | 56 | 2 | 6 |
| 29 | 24 | 2 feuilles. | 10 | 75 | 2 | 22 |
| 30 | 24 | 11 f. p. 6 paq. | 11 | 73 | 2 | 35 |
| 30 | 25 | 13 f. p. 8 paq. | 13 | 23 | 2 | 54 |
| 31 | 25 | 13 f. p. 9 paq. | 14 | 88 | 2 | 76 |
| 31 | 26 | 31 f. p. 24 paq. | 16 | 65 | 2 | 96 |
| 32 | 26 | 8 f. p. 7 paq. | 18 | 81 | 3 | 26 |
| 31 | 27 | 1 *id.* | 21 | 50 | 3 | 58 |
| 33 | 27 | 6 f. p. 7 paq. | 25 | 8 | 4 | 5 |

## QUATRIÈME CLASSE.

| Dimension des feuilles en pouces. | Nombre de feuilles pour un paquet. | Prix de chaque feuille. | | Prix du pied carré. | |
|---|---|---|---|---|---|
| po.       po. | | fr. | c. | fr. | c. |
| 34 sur 27 | 3 f. p. 4 paq. | 28 | 66 | 4 | 49 |
| 34      28 | 2 f. p. 3 paq. | 32 | 25 | 4 | 88 |

## CINQUIÈME CLASSE.

| 35 sur 28 | 3 f. p. 5 paq. | 35 | 83 | 5 | 27 |
|---|---|---|---|---|---|
| 35      29 | 6 f. p. 11 paq. | 39 | 42 | 5 | 60 |
| 36      29 | 1 f. p. 2 paq. | 43 | | 5 | 93 |
| 36      30 | 4 f. p. 9 paq. | 48 | 37 | 6 | 45 |
| 36      31 | 2 f. p. 5 paq. | 53 | 75 | 6 | 94 |
| 36      32 | 1 f. p. 3 paq. | 64 | 50 | 8 | 6 |

*Prix du paquet.*

|  | fr. | c. |
|---|---|---|
| Le verre d'Alsace, d'après le prix du commerce, revient, pour chaque feuille, à.......... | 9 | 45 |
| Le verre de Bohème, 1$^{re}$. qualité, se vend............ | 21 | 50 |
| *Id.* 2$^e$. qualité...... | 19 | |
| Le verre bleu et violet, *id.* . | 43 | |
| *Id.* jaune............ | 38 | |

fr.    c.

La livre de mastic, compris
frais et bénéfice, vaut. . . . . .          25

Une livre de mastic remplit 30
pieds de feuillures pour calfeu-
trement au pourtour des verres.

Ainsi la livre de mastic, com-
pris le temps employé, revient à.          75

La journée des compagnons
vitriers est de. . . .   2 fr. 50 c. à    3

Les menus frais du maître vitrier consis-
tent dans la location d'une boutique, la
patente.

La fourniture des pointes pour fixer les
carreaux, comme aussi les outils propres
à la coupe des verres, ces faux frais ne
s'élèvent guère qu'au tiers de la main-
d'œuvre.

Le pied sup.
fr.    c.

Le pied superficiel de verre
d'Alsace, première classe, comprenant les feuilles depuis 20°
jusqu'à 36°, mesurées à l'équerre,
vaut, compris bénéfices. . . . .       0    66
Le pied *id.* d'Alsace, deuxième

Le pied sup.<br>fr.    c.

classe, comprenant les feuilles depuis 37° jusqu'à celles de 44° mesurées à l'équerre, vaut *id.*     0   84

*Id., id.*, 3e. classe, feuilles depuis 45° jusqu'à celles de 48°, mesurées à l'équerre. . . . . . . .    1   06

*Id., id.*, 4e. classe, feuilles depuis 49° jusqu'à celles de 54°, mesurées à l'équerre, vaut. . .    1   49

Le paquet vaut. . . . . . . . . . 13   21

Le pied superficiel de verre de Bohème, 1re. classe, comprenant les feuilles depuis 24° jusqu'à celles de 45°, mesurées à l'é-querre, vaut. . . . . . . . . . . .    1   70

*Id., id.*, 2e. classe, comprenant les feuilles depuis 46° jusqu'à celles de 51°, mesurées à l'é-querre, vaut. . . . . . . . . . . .    2   11

*Id., id.*, 3e. classe, comprenant les feuilles depuis 52° jus-qu'à celles de 60°, mesurées à l'équerre, vaut. . . . . . . . . .    3   48

*Id., id.*, 4e. classe, compre-

|  | Le pied sup. | |
|---|---|---|
|  | fr. | c. |

nant les feuilles depuis 61° jus-
qu'à celles de 62°, vaut. . . . . | 5 | 65

*Id.*, 5e. classe, comprenant
les feuilles depuis 63° jusqu'à
celles de 68°, vaut. . . . . . . | 7 | 66

Détail pour un paquet de verre
de Bohème, 1re. qualité, com-
pris bénéfices . . . . . . . . . . | 26 | 78

*Id.*, pour un paquet, 2e. qua-
lité. . . . . . . . . . . . . . . . | 23 | 79

Pour la pose de petits carreaux
vieux, seulement compris dans la
1re. classe, vaut la pièce. . . . . | 0 | 11

Grandes pièces des 2e. et 3e.
classes, pour pose, vaut. . . . . . | 0 | 21

Les petits verres compris dans
la 1re. classe, démastiqués, re-
taillés et reposés, vaut, compris
bénéfices. . . . . . . . . . . . . | 0 | 21

Grandes pièces des 2e. et 3e.
classes. . . . . . . . . . . . . . | 0 | 41

Les petits carreaux, salis de
peinture, nettoyés sur place, val. | 0 | 5

Grande pièce de verre nettoyée
*id.* . . . . . . . . . . . . . . . . | 0 | 13

Le nettoyage des verres qui n'ont été salis que par l'eau et la poussière, ne vaut que la moitié des prix ci-dessus.

Les pièces de verre d'Alsace et de Bohème seront mesurées sur leur hauteur et leur largeur, prises du fond des feuillures qui les réunissent, et réduites au paquet d'après les tarifs mentionnés ci-dessus. On pourra, si l'on veut, réduire ces verres à une unité superficielle. On formera quatre classes pour le verre d'Alsace. Dans la première on comprendra les verres depuis 20 jusqu'à 36 pouces, mesure linéaire, produite par deux des quatre côtés de ces feuilles; dans la seconde, celles depuis 37 jusqu'à 44 pouces; dans la troisième, celles depuis 45 jusqu'à 48 pouces; et dans la quatrième, celles de 49 à 54.

Pour le verre de Bohème on établira cinq classes différentes. Dans la première seront comprises toutes les feuilles depuis 24 jusqu'à 45 pouces; dans la seconde, depuis 46 jusqu'à 51 pouces; dans la quatrième, les feuilles de 61 et 62 pouces; et enfin la cinquième comprendra jusqu'à 68 pouces. Les fractions de quart et de demi-pouce, sur la hauteur ou la largeur des pièces, ne seront pas comptées dans la surface; mais les trois quarts de pouce seront comptés pour le pouce entier. Les verres qui ne seront que pour pose, ceux pour dépose et repose, et enfin ceux pour nettoyage seulement, seront comptés à la pièce, en observant d'en faire deux classes, petits et grands carreaux. On distinguera aussi pour les nettoyages ceux qui ne seront salis que par la poussière, de ceux qui le seraient par les peintures faites sur les bois. Les réparations et fournitures de mastics faites sur les vieux verres seront comptées séparément. Le mastic et le temps employé auront un timbre distinctif.

FIN DE LA VERRERIE.

# PAPIERS

# DE TENTURE.

*Notions générales.*

L'ART de peindre et d'imprimer le papier ne date pas d'une époque très-reculée; mais depuis environ quarante ans cet art a fait des progrès étonnans. Le papier de tenture est de deux espèces, le carré et le grand-raisin. Dans le commerce le papier de tenture se compte à la rame; cette rame est composée de vingt rouleaux, contenant chacun vingt-quatre feuilles. Le papier reçoit diverses préparations : la première consiste à le rogner des deux bouts seulement : la seconde est l'assemblage du papier ; ce travail se fait ordinairement par des femmes, et avec une telle promptitude, qu'elles assemblent cent quarante rouleaux dans un jour.

L'opération préparatoire, avant d'imprimer les papiers, consiste à leur donner

une ou plusieurs couches de fond, d'une
seule couleur; cette opération ne demande
que trois à quatre minutes par chaque
rouleau. L'ouvrier, après en avoir déve-
loppé un, prend de chaque main une brosse
ronde de six pouces de diamètre, en trempe
une dans un baquet rempli de couleur,
et l'étend sur le papier; de l'autre brosse,
qui est sèche, il unit le fond en ramassant
la couleur superflue, et tout cela se fait
par un mouvement de rotation. L'ouvrier
est aidé par deux enfans, qui tiennent les
extrémités du rouleau : l'un, à mesure que
les deux grosses brosses passent, finit d'é-
galiser avec une brosse carrée, et l'autre
enlève le papier, et l'expose sur une trin-
gle qui sert de séchoir, pendant que le
premier s'occupe à développer un autre
rouleau. Le papier étant sec, on le lisse,
soit pour lui faire recevoir une seconde
couche de fond, soit pour l'imprimer.

Un ouvrier donne par jour une couche
de fond à cent cinquante rouleaux de
carré. On en donne rarement plus d'une,
à moins que ce ne soit pour les fonds unis,
alors on en met trois, savoir : un encollage
de colle pure et deux couches de teinte.
L'impression des dessins, sur le fond, se
fait par le moyen d'une planche en bois,

sur laquelle les sujets sont gravés en relief. Avant l'impression, la couleur est déposée sur un drap attaché à un tamis. Cela fait, on développe le rouleau sur une table de six à huit pieds de long, et de deux à trois de large, garnie d'une couverture de laine; puis l'ouvrier enduit la planche, la présente sur le papier, et se sert d'un maillet de bois garni de plomb, pour frapper dessus. Il répète la même opération jusqu'au bout du papier.

Pour imprimer de grandes parties mates, au lieu de maillet, on se sert assez souvent d'une presse, afin d'empêcher la planche de se déranger, et pour que la couleur soit plus également distribuée. Pour les bordures veloutées on agit de la manière suivante : on imprime, d'abord avec une planche, tous les ornemens colorés qui doivent rester visibles, et avec une autre, ceux qu'il faut velouter; on enduit cette dernière d'un mordant composé d'huile grasse et de résine, et aussitôt qu'elle a été posée sur le papier, on présente le rouleau au-dessus d'un coffre, dont le fond est une peau tendue, où on a placé de la laine hachée; alors l'ouvrier frappe sous cette peau avec deux baguettes, et fait sauter sur le papier la partie la plus volatile de la laine que le mordant y fait fixer. Pour le reflet des ornemens, on se sert, lorsque le mordant est sec, d'une nouvelle planche enduite de la couleur convenable. Le papier velouté exige la même opération ; mais, après l'avoir couvert de deux couches de fond bien collées, on lui en donne une troisième par le mordant, que l'on étend avec une brosse rude, ensuite on le saupoudre de laine.

Les papiers qui doivent imiter les étoffes, et dont la couleur naturelle sert de fond, sont, avant leur impression, lissés des deux côtés avec un soin tout particulier. Les couleurs primitives qui s'emploient dans l'impression des papiers de tenture sont le blanc de Bougival ; dans les rouges, l'ocre rouge et la mine orange sont les deux couleurs dont on fait le plus d'usage. On emploie aussi beaucoup de laques, composées d'amidon et d'alun, que l'on teint en rose par l'eau de solution, servant à faire le carmin, d'autres en violet par le bois de Campêche, et en rouge par le bois du Brésil. Pour les jaunes, on emploie l'ocre ordinaire, l'ocre de rut, le jaune minéral, le stil-de-grain teint par la graine d'Avignon. Pour les verts, on emploie le vert-de-gris, la cendre verte ou vert anglais. Pour les bleus, on se sert du bleu liquide, du bleu de Prusse, de la cendre bleue. Pour les bruns, on n'emploie généralement que de la terre d'ombre calcinée. Le noir d'ivoire brûlé est le plus communément employé, on se sert aussi du noir de vigne. Avant de mélanger les couleurs pour en former des tons secondaires, on fait infuser les unes, et on broie les autres à l'eau. Le blanc de Bougival ne se broie pas, mais se fait infuser; le plus fin de la substance est employé dans l'impression, et la partie grossière, qui est précipitée au fond du vase, sert à la peinture des fonds. Les ocres rouge et jaune s'emploient quelquefois sans être broyées; mais toutes les autres couleurs le sont en grande partie, au moyen d'un moulin à bras, et celles dont on ne fait usage qu'en petites parties, le sont à la molette.

Après la trituration des couleurs, on les dépose dans des baquets, et on les couvre d'eau, afin de mieux conserver leur éclat. Quand on veut composer des tons secondaires, on retire des baquets la quantité nécessaire de chaque espèce de couleur; on les détrempe après leur amalgame avec de la colle faible et froide, et on observe de tenir la couleur destinée à l'impression plus forte de colle, et plus compacte que celle destinée à faire les fonds. Au lieu de colle, on fait quelquefois usage de gomme arabique.

On emploie cette gomme surtout pour les rouges fins. Les couleurs pour les fonds, comme pour l'impression, sont employées à froid. Les colles en usage pour les papiers de tenture sont, pour les fonds, la colle de brochette ou celle de peau de lapin ; pour l'impression, la colle de rognures de peau tannée ou bien la colle de Flandre. Pour obtenir une colle convenable à ces divers usages, on ne fait subir qu'une courte cuisson à ces matières, et la gélatine qu'on en retire se trouve à peu près au degré de la colle qu'on emploie à froid dans la peinture du bâtiment, avant de vernir les sujets. Après cela on remplit la chaudière d'eau, on la remet sur le feu une seconde et troisième fois, et on en retire à peu près la même quantité de colle.

La laine avec laquelle on fait le velouté des fonds ou des bordures, est teinte en branche, et hachée aussi fine que possible, puis on la passe au moulin qui la réduit en poudre et la blute assez ordinairement ; ensuite on la met dans les coffres propres au veloutage.

Les papiers que l'on emploie, tant pour le dessous des tentures que pour les tentures elles-mêmes, sont plus ou moins gris et plus ou moins forts ; ces papiers se tirent ue grande partie des fabriques deRouen. Le prix du carré gris, qui sert de dessous aux tentures, étant de 7 à 8 francs la rame, porte la main à 38 ou 40 centimes : chaque main est composée de vingt-cinq feuilles, et chaque feuille, avant d'être rognée, porte vingt pouces sur quinze pouces ; la main, après avoir été rognée et déduction faite des parties recouvertes lors du collage, couvre trente-huit pieds superficiels. Le même échantillon, mais destiné à recevoir de petits dessins, est de deux qualités ; la dernière est de 9 francs, et la première se vend 11 francs la rame.

Le grand-raisin, que l'on emploie à la tenture et quelquefois à des dessins, est de plusieurs qualités ; la dernière se vend 12 francs, et la première 16 francs ; mais la qualité la plus courante est de 14 francs la rame, ce qui porte la main de vingt-cinq feuilles à 70 centimes.

Le grand-raisin bulle se vend de 16 à 18 francs la rame, et, comme étant le plus beau et le plus fort de ceux qui servent aux tentures, il est le plus souvent destiné aux fonds unis. On emploie pour les papiers imitant les étoffes, une qualité de grand-raisin qu'on nomme vélin; il vaut 24 à 28 francs la rame. On le choisit assez blanc pour que son fond naturel devienne celui de la tenture.

On se sert du papier bleu pâte pour le dedans des armoires et pour les tablettes; il en est de deux sortes, papier couronne et papier carré; le premier est celui qu'on emploie ordinairement. Le prix de la rame de couronne est de 8 francs, celui du carré est de 12 francs. La toile que l'on emploie pour préserver le papier de toute humidité se tire des départemens de la Seine-Inférieure, de l'Oise et de la Somme; ces toiles sont de trois largeurs et de qualités différentes. La plus étroite et la plus commune de ces toiles porte vingt-six pouces. La seconde, appelée toile fine, est d'un usage presque général, elle porte trente pouces de largeur. La troisième sorte se nomme toile forte, ou toile à plafond, elle porte trente-six pouces de largeur. Toutes les toiles se vendent à la pièce; chaque pièce contient cinquante-six à soixante aunes.

Le prix de la pièce, la plus étroite, est de 18 francs. La seconde en vaut 24, et la troisième espèce se vend 36 francs ; l'aune de la première sorte revient à 32 centimes, et couvre huit pieds superficiels. Celle de la seconde revient à 43 centimes, et couvre 9 pieds superficiels. Celle de la troisième revient à 64 centimes, et couvre douze pieds superficiels. Il est très-difficile de donner un tarif de tous les papiers de tenture.

Les papiers de tenture se vendent au rouleau. Le rouleau est composé de vingt-quatre feuilles. Un rouleau, en papier carré, porte, tout ébarbé, vingt-sept pieds 6 pouces de longueur, ou sept aunes et demie, et dix-huit pouces de large ; étant posé il couvre quarante pieds superficiels. Le rouleau, en papier grand-raisin porte, tout ébarbé, trente-deux pieds de longueur et 20 pouces de largeur ; en place il couvre cinquante - quatre pieds superficiels. Le rouleau de carré, le plus commun et imprimé de petits dessins courans, se vend 75 centimes, et celui de la meilleure qualité, avec des dessins plus riches, de 1 fr. 20 c. à 1 fr. 50 c. Le rouleau de grand-raisin le plus commun, et imprimé de petits dessins courans, 1 fr. 60 c. ; en beau papier et dessins plus riches, depuis 2 f. 50 c. jusqu'à 5 fr. Le fond uni, sur papier raisin, se vend depuis 1 fr. 75 c. jusqu'à

3 fr. le rouleau, selon les couleurs, le nombre de couches et la qualité du papier. Le fond uni, en jaune minéral, se vend de 4 fr. à 4. 50 c. Ceux en cendre bleue ou verte valent 7 et 8 fr. le rouleau. Les bordures se vendent aussi au rouleau ; elles s'impriment aussi sur papier carré ou sur papier raisin. On imprime sur ces rouleaux depuis deux jusqu'à huit bandes de bordures sur petit ou grand papier.

Le rouleau des plus communes bordures imprimées sur carré, se vend 1 fr. 80 c. ; il a ordinairement huit bandes ; celui des bordures mieux faites, et imprimées sur grand-raisin, se vend 3 fr. ; un rouleau de huit bandes, sur carré, produit soixante aunes, et sur grand-raisin soixante-dix aunes. Les autres bordures éprouvent une telle variation, qu'il est difficile d'en établir le prix, à moins de les avoir sous les yeux.

Dans les grandes fabriques, les ouvrages, depuis l'assemblage des papiers jusqu'à l'impression, se font à la tâche ; le prix en est fait à la rame composée de vingt rouleaux. On fait l'assemblage des papiers après les avoir ébarbés des deux bouts. Ce travail se paie 25 centimes par rame de petit papier, et 30 centimes pour le plus grand.

On assemble, avec l'aide d'un enfant,

jusqu'à cent quatre-vingts rouleaux par jour. Le prix de la journée, pour ce genre de travail, est de 1 fr. 50 c. Ceux qui font les fonds avant l'impression, ont, pour chaque couche de fond, et par rame de carré, 50 c., et pour le grand-raisin, 65 c.; sur cette somme ils ont à payer 40 à 50 c. par jour à chacun des deux enfans qui les aident; un fonceur ainsi aidé fait, sur petit papier, jusqu'à deux cents rouleaux d'une seule couche. La rame de beau fond uni, sur grand-raisin, leur est payée, pour chaque couche, 1 fr. ; ils occupent trois à quatre enfans.

La journée de ces ouvriers est de 2 fr. 50 c., et celle des enfans est de 50 c. L'impression des papiers est payée 50 c. par chaque planche et par rame de petit papier, 65 c. par rame de grand-raisin ; les imprimeurs donnent à un enfant, qu'ils occupent au tamis, 40 c. pour une partie de sa journée, l'autre portion est payée par le fabricant; alors un dessin, composé de quatre couleurs, revient à 2 fr. la rame du petit papier. Lorsque ces ouvriers travaillent à la journée, ils sont payés 2 fr. et 2 fr. 25 c.; lorsqu'ils sont à leur tâche, ils font dans un jour jusqu'à deux rames ou quarante rouleaux d'impression. quand le dessin est composé de quatre planches, et sur petit papier. L'impression des bordures, sur petit papier, est payée 75 c. par rame et par chaque planche, et 90 c. sur grand-raisin. Les imprimeurs en laine sont payés à raison de 3 fr., parce que la couche de mordant exige un fort homme.

Les ouvriers occupés à moudre la laine ou à broyer les couleurs sont payés 2 fr. par jour. Le contre-maître, chargé de faire la composition de tous les tons, de la distribution de l'ouvrage et de la surveillance, est payé 4 fr. par jour. Les fabricans font aussi des papiers qui imitent divers marbres.

# TARIF

## DES PAPIERS DE TENTURE.

---

|  | fr. | c. |
|---|---|---|
| Les papiers communs se vendent de . . . . . . . . . 75 c. à | 1 | 50 |
| Les iris, les lampas, les écossais, les moirés, sans être satinés, de . . . . . . . . . 1 f. 50 c. à | 3 | |
| Les mêmes, satinés, de. 2 fr. à | 4 | |
| Les fonds unis ordinaires sur grand - raisin se vendent de . . . . . . . . . . . 2 fr. 50 c. à | 3 | |
| Les mêmes fonds unis sur carré . . . . . . . . . . . . . . . . | 1 | 50 |
| (Les papiers dont l'impression se fait avec des couleurs fines ne se fabriquent pas sur carré.) | | |
| Les papiers unis, vert d'eau, sur grand-raisin, de . . . . 6 fr. à | 7 | |
| Olive clair sur grand-raisin . . | 4 | |
| *Id.* sur carré . . . . . . | 2 | 50 |

|  | fr. | c. |
|---|---|---|
| Bleu Haïti sur raisin . . . . . | 4 | |
| *Id. id.*, sur carré . . . . | 2 | 75 |
| Le bleu de ciel sur raisin ( il ne s'en fabrique pas sur carré ) . . . | 6 | 50 |
| Jaune bouton d'or grand - raisin . . . . . . . . . . . . . . . . . | 5 | |
| *Id. id.*, en carré . . . . . . | 3 | 50 |
| Jaune minéral grand-raisin . . | 4 | |
| *Id. id.*, carré . . . . . . . | 2 | 75 |

Les papiers veloutés varient suivant la couleur et la richesse du dessin. Le prix moyen est de . . . . . . . . . . . . 6 fr. à 12

Les tentures en drap ne peuvent s'estimer que sur place.

Il existe une telle variation dans les bordures, qu'il est impossible d'en établir les prix qu'en les voyant posées.

Les bordures riches s'estiment au pied linéaire.

Le papier gris, servant de dessous aux tentures, vaut tout collé, la main . . . . . . . . . . . 80

fr. c.

Le papier bleu pâte, pour les armoires et tablettes, vaut la main . . . . . . . . . . . . . . .  1

L'aune de toile, fournie et mise en place . . . . . . . . . . . . . . .  1

Le collage de papier ordinaire se paie le rouleau . . . . . . . . .  50

Les fonds unis . . . . . . . . .  75

Le rouleau de bordures communes, de quatre à huit bandes . . . . . . . . . . . . . . . .  1  20

Le pied linéaire de riche bordure, pour la pose, vaut . . . . .  3

Le pied de plinthe, en marbre . . . . . . , . . . . . . . . .  3

L'aune de vieille toile détendue et retendue . . . . . . . . . . . .  25

La colle propre à la tenture se vend, le baquet, à raison de . .  2  50

Comme cette colle est très-claire, on y ajoute fort peu d'eau avant de l'employer. Cette colle revient à 3 c. la livre.

Il en faut deux livres et demie pour un rouleau de petit papier,

fr.    c.

et pour le grand et fort raisin,
ainsi que pour le papier gris et
bleu, il en faut trois livres.

La livre du clou demi-livre al-
longée, vaut . . . . . . . . . . .    1   20

Le terme moyen pour une aune de
toile employée est de ( 1 fr. 4 c. ). Lorsque
l'on veut vernir les papiers de tenture, on
en colle le papier une et deux fois avec de
la colle figée; lorsque le papier est ressuyé,
on met une couche ou deux de vernis de
Hollande.

Si l'on ne pose pas de toiles pour recevoir les tentures, mais que pour les fixer
plus sûrement l'on enduise les murs d'une
légère colle de pâte, ce travail se compte
en superficie.

FIN DES PAPIERS DE TENTURE.

# MIROITERIE.

*Notions générales.*

Les glaces sont du ressort de l'architecte;
il doit savoir les grandeurs des glaces qui
doivent occuper les dessus des cheminées
et les trumeaux, afin d'arranger ses dessins
de menuiserie, et de les orner à proportion de la grandeur des glaces. Les miroitiers tirent leurs glaces de la manufacture
de Paris, où elles sont dressées, polies et
prêtes à mettre au tain. Les glaces arrivent
brutes des verreries de Saint-Gobain ou
de la Tour-la-Ville.

Les glaces ont pour base, comme les autres verres, le sable ou toute autre matière
vitrifiable, dont on obtient la dissolution
par l'action du feu et l'alcali. Le sable doit
être le plus blanc possible, il doit être
lavé à plusieurs reprises, afin d'en extraire
les parties hétérogènes. Les doses se com-
posent de trois cents parties de sable avec
deux cents de salins, trente parties de

chaux vive et deux de manganèse, un quart
de partie de cobalt ou azur des quatre
feux, avec trois cents parties de cassons
ou morceaux de glace ou débris de verrerie.

La fritte du sable et des matières pulvéri-
sées se fait dans un four chauffé à un degré
assez fort pour que la matière y rougisse,
et que les substances volatiles qui s'y
trouvent mêlées puissent s'évaporer. Aussitôt que les substances sont refroidies on
les épluche, et, pour en obtenir la fusion,
on les met dans des creusets d'argile pétrie,
que l'on porte dans un four chauffé par le
bois; à mesure que la fritte diminue, on
remplit ces creusets de nouvelles matières.
Lorsqu'elle est terminée, on suspend le
chauffage pour affiner le verre; dans cet
état on transvide un des creusets dans six
autres plus petits, qui, chacun, contiennent
assez de matière pour une glace. On les
porte ensuite au-dessus d'une table où le
volume doit être coulé.

Cette table est de fonte, bien unie, et
montée sur trois roues, afin qu'on puisse la
mouvoir à volonté vers un fourneau de recuisson. Elle a dix pieds de long sur six de
large et quatre pouces d'épaisseur. On l'é-
chauffe à un fort degré avec de la braise

avant de verser la fusion, afin d'éviter le refroidissement de la matière. Lorsqu'elle est, versée on l'étend sur cette table au moyen d'un rouleau de fonte que l'on fait glisser à plusieurs reprises sur des tringles de fer placées à des distances mesurées sur la largeur que doit avoir la glace, et dont les saillies sont proportionnées à l'épaisseur qu'on veut lui donner. Le verre, ainsi applati, et bien uni, est sur-le-champ visité ; après en avoir coupé les défauts qui peuvent s'y trouver, on le glisse sur une plaque qui le conduit au four de re-cuisson, dont le pavé a été précédemment chauffé au même degré que le verre.

On met successivement dans le four sept autres glaces, et on en étouffe la chaleur en le fermant bien hermétiquement : il faut quinze jours à peu près pour son évapora-tion, parce qu'on n'y introduit l'air que par petits degrés. Chaque coulage exige quinze à dix-huit heures; il produit ordinairement dix-huit glaces de différentes dimensions. La parfaite recuisson est une opération des plus importantes pour la qualité des gla-ces. Après la recuisson, les glaces sont glissées sur une table couverte de sable fin et bien dressé; on les examine de nouveau, on en supprime les défauts s'il y a possi-

bilité, et on les équarrit ; dans le cas con-
traire, elles sont brisées et mises aux cassons.

L'équarrissage consiste à mettre la glac
d'équerre en en coupant la tête, ains
que les deux bandes formées le lon
des tringles par l'aplatissement de l
matière.

Les glaces arrivées à Paris sont soumise
à plusieurs préparations. La première, qu
l'on appelle *adoucie* ; avant de commence
l'opération, on fait un scellement bien égal
en plâtre très-clair, sur la table où l'on doi
poser la glace, et on appuie fermemen
dessus lors de son glissement, afin qu'ell
porte partout et qu'elle soit de niveau
Quand la glace est ainsi arrêtée, on y plac
du grès mouillé, puis, avec une autre glac
plus petite qui est doublée d'une pierr
très-mince, sur laquelle on a placé un
molette, on promène le grès sur la glace
et par son frottement on en dégrossit l
surface ; ensuite, pour finir l'adouci e
dresser la glace dans toutes ses parties
on substitue, au dessus dont on vien
de parler, une glace aussi dégrossie, e
on emploie un moellon de charge qu
est semblable à la molette, mais d'un
plus grande dimension. Ainsi, par l'action

du dessus sur la première , deux glaces se trouvent adoucies à la fois ; un côté étant terminé , on recommence le même procédé pour l'autre.

L'opération du piqué est en tout semblable à l'adouci , excepté qu'au lieu de sable on emploie l'émeri. Pour le poli on se sert d'une potée , qui est le résultat de la distillation de l'acide vitriolique. Mise en solusion dans de l'eau froide , que l'on brasse et que l'on passe à plusieurs tamis, elle est déposée dans une chaudière ; pour lui donner du mordant , on y ajoute, quelques parties de sel marin et de vitriol vert ; la chaleur fait évaporer de la potée l'eau superflue, et la réduit en une espèce de pâte ; ensuite on la forme en pelotes, dont on graisse un polissoir monté de deux poignées de bois , et garni par-dessous de lisières , que de temps en temps l'on humecte d'eau de mare. Dans cet état on fait passer le polissoir , en croisant , partie par partie, sur la surface du verre , jusqu'à ce que le poli en soit très-égal. On fait la même opération pour l'autre face. Ensuite on descelle la glace pour en nettoyer les surfaces ; à cet effet on la glisse sur un tapis noir ou gros bleu. Exposée sous un jour modéré, qui tombe obliquement, on examine avec soin tous les défauts du poli. Lorsqu'il s'en trouve et qu'il est possible de les effacer, on le fait avec une petite molette en bois que l'on graisse de potée, et un morceau de glace polie, qui est scellé sur une pierre noire aussi enduite de la même matière.

L'étamage consiste à couvrir d'étain une des surfaces des glaces; il se fait de la manière suivante : on étend soigneusement la feuille d'étain, qui doit être d'une seule pièce, disposée sans aucun pli et de la même dimension que la glace, sur une grande table de pierre parfaitement unie, posée et dressée de niveau et évidée de gouttières sur ses trois faces pour l'écoulement du mercure. Après en avoir répandu une petite quantité sur cette feuille, on l'avive avec un rouleau de lisières, afin d'accélérer l'amalgame; après cela on verse sur la feuille autant de mercure qu'elle en peut contenir, et on y glisse le volume, en observant de le tenir bien horizontalement, parce qu'il fait fuir devant lui et sur ses côtés la plus forte partie de ce dernier métal. Dès que la glace occupe la surface entière de la feuille, on la couvre de flanelle, et on la charge de pierre ou de plomb, pour aider le contact du poli avec la feuille, et empêcher la glace de glisser par l'effet de l'écoulement du mercure superflu; on donne à celui-ci une direction dans les gouttières, en inclinant la table, degré par degré, l'espace de vingt-quatre heures.

# TARIF

## DES PRIX DES GLACES.

|  | fr. | c. |
|---|---|---|
| Les glaces appelées nᵒ. 1 et portant nᵒ. 8 , ayant 6 po. 8 lig. de hauteur sur 5 po. de larg., valent. | 70 | |
| Nᵒ. 10, ayant 7 po. 3 lig. de haut. sur 5 po. 6 lig. de larg. . . | 80 | |
| Nᵒ 17, ayant 8 po. 6 lig. de haut. sur 7 po. de larg. . . . . . . | 1 | 40 |
| Nᵒ. 50 , ayant 12 po. 6 lig. de haut. sur 10 po. 8 lig. de larg. . . | 5 | 2 |

*Verres lenticulaires.*

| | fr. |
|---|---|
| 5 po. de diam. , poli des 2 côtés. | 12 |
| 5 *id.* poli et douci d'un côté. | 11 |
| 6 *id.* *id.* douci des 2 côtés. | 15 |
| 7 *id.* *id.* *id.* . . . | 20 |

## Glaces.

| HAUT. | LARG. | VALEUR. | | HAUT. | LARG. | VALEUR. | |
|---|---|---|---|---|---|---|---|
| po. | po. | fr. | c. | po. | po. | fr. | c. |
| 14 | 10 | 6 | 20 | 24 | 12 | 17 | 60 |
| 14 | 14 | 8 | 80 | 24 | 16 | 27 | |
| 15 | 10 | 6 | 60 | 24 | 24 | 51 | |
| 15 | 15 | 10 | 60 | 25 | 10 | 14 | 50 |
| 16 | 10 | 7 | | 25 | 12 | 19 | |
| 16 | 16 | 13 | | 25 | 16 | 29 | 20 |
| 17 | 10 | 7 | 70 | 25 | 25 | 59 | |
| 17 | 17 | 16 | 20 | 26 | 10 | 15 | 50 |
| 18 | 10 | 8 | 10 | 26 | 12 | 20 | 40 |
| 18 | 12 | 10 | 10 | 26 | 16 | 30 | 30 |
| 18 | 18 | 19 | 80 | 26 | 20 | 45 | |
| 19 | 10 | 8 | 60 | 26 | 26 | 68 | |
| 19 | 12 | 11 | | 27 | 10 | 19 | 10 |
| 19 | 19 | 23 | 40 | 27 | 12 | 22 | |
| 20 | 10 | 9 | 40 | 27 | 16 | 32 | 70 |
| 20 | 12 | 12 | 30 | 27 | 20 | 47 | |
| 20 | 20 | 28 | 10 | 27 | 27 | 76 | |
| 21 | 10 | 10 | 10 | 28 | 10 | 18 | 40 |
| 21 | 12 | 13 | 50 | 28 | 12 | 23 | 40 |
| 21 | 21 | 32 | 70 | 28 | 16 | 35 | 20 |
| 22 | 10 | 11 | 20 | 28 | 20 | 50 | |
| 22 | 12 | 14 | 70 | 28 | 28 | 86 | |
| 22 | 16 | 23 | 10 | 29 | 10 | 19 | 80 |
| 22 | 22 | 38 | 50 | 29 | 12 | 25 | 90 |
| 23 | 10 | 11 | 20 | 29 | 16 | 38 | 50 |
| 23 | 12 | 16 | 10 | 29 | 20 | 54 | |
| 23 | 16 | 24 | 50 | 29 | 29 | 96 | |
| 23 | 23 | 45 | | 30 | 10 | 20 | 90 |
| 24 | 10 | 13 | 40 | 30 | 12 | 27 | |

| HAUT. | LARG. | VALEUR. | | HAUT. | LARG. | VALEUR. | |
| --- | --- | --- | --- | --- | --- | --- | --- |
| po. | po. | fr. | c. | po. | po. | fr. | c. |
| 30 | 16 | 41 | | 36 | 10 | 30 | 30 |
| 30 | 20 | 56 | | 36 | 12 | 38 | 50 |
| 30 | 23 | 70 | | 36 | 16 | 56 | |
| 31 | 10 | 22 | 30 | 36 | 20 | 78 | |
| 31 | 12 | 28 | 10 | 36 | 24 | 103 | |
| 31 | 16 | 43 | | 36 | 28 | 130 | |
| 31 | 20 | 59 | | 36 | 32 | 158 | |
| 31 | 23 | 74 | | 36 | 36 | 202 | |
| 32 | 10 | 23 | 40 | 37 | 10 | 33 | |
| 32 | 12 | 30 | 30 | 37 | 12 | 41 | |
| 32 | 16 | 46 | | 37 | 16 | 59 | |
| 32 | 20 | 63 | | 37 | 20 | 81 | |
| 32 | 23 | 77 | | 37 | 24 | 108 | |
| 33 | 10 | 25 | 60 | 37 | 28 | 135 | |
| 33 | 12 | 32 | 70 | 37 | 32 | 167 | |
| 33 | 16 | 48 | | 37 | 37 | 226 | |
| 33 | 20 | 67 | | 38 | 10 | 34 | 10 |
| 33 | 23 | 81 | | 38 | 12 | 42 | |
| 34 | 10 | 27 | | 38 | 16 | 63 | |
| 34 | 12 | 34 | 10 | 38 | 20 | 87 | |
| 34 | 16 | 51 | | 38 | 24 | 112 | |
| 34 | 20 | 71 | | 38 | 28 | 143 | |
| 34 | 24 | 92 | | 38 | 32 | 177 | |
| 34 | 28 | 118 | | 38 | 38 | 253 | |
| 34 | 34 | 160 | | 39 | 10 | 35 | 20 |
| 35 | 10 | 28 | | 39 | 12 | 45 | |
| 35 | 12 | 36 | 30 | 39 | 16 | 66 | |
| 35 | 16 | 54 | | 39 | 20 | 90 | |
| 35 | 20 | 74 | | 39 | 24 | 117 | |
| 35 | 24 | 97 | | 39 | 28 | 156 | |
| 35 | 28 | 124 | | 39 | 32 | 188 | |
| 35 | 35 | 177 | | 39 | 36 | 238 | |

| HAUT. | LARG. | VALEUR. | | HAUT. | LARG. | VALEUR. | |
| po. | po. | fr. | c. | po. | po. | fr. | c. |
|---|---|---|---|---|---|---|---|
| 39 | 39 | 283 | | 43 | 24 | 140 | |
| 40 | 10 | 37 | 40 | 43 | 28 | 182 | |
| 40 | 12 | 47 | | 43 | 32 | 233 | |
| 40 | 16 | 69 | | 43 | 36 | 293 | |
| 40 | 20 | 95 | | 43 | 40 | 360 | |
| 40 | 24 | 123 | | 43 | 43 | 413 | |
| 40 | 28 | 154 | | 44 | 10 | 46 | |
| 40 | 32 | 198 | | 44 | 12 | 57 | |
| 40 | 36 | 251 | | 44 | 16 | 83 | |
| 40 | 40 | 311 | | 44 | 20 | 113 | |
| 41 | 10 | 40 | | 44 | 24 | 146 | |
| 41 | 12 | 49 | | 44 | 28 | 191 | |
| 41 | 16 | 73 | | 44 | 32 | 246 | |
| 41 | 20 | *99 | | 44 | 36 | 307 | |
| 41 | 24 | 129 | | 44 | 40 | 376 | |
| 41 | 28 | 162 | | 44 | 44 | 451 | |
| 41 | 32 | 210 | | 45 | 10 | 48 | |
| 41 | 36 | 265 | | 45 | 12 | 59 | |
| 41 | 41 | 343 | | 45 | 16 | 87 | |
| 42 | 10 | 41 | | 45 | 20 | 118 | |
| 42 | 12 | 53 | | 45 | 24 | 152 | |
| 42 | 16 | 76 | | 45 | 28 | 202 | |
| 42 | 20 | 105 | | 45 | 32 | 260 | |
| 42 | 24 | 134 | | 45 | 36 | 322 | |
| 42 | 28 | 172 | | 45 | 40 | 393 | |
| 42 | 32 | 222 | | 45 | 45 | 491 | |
| 42 | 36 | 279 | | 46 | 10 | 50 | |
| 42 | 42 | 377 | | 46 | 12 | 63 | |
| 43 | 10 | 43 | | 46 | 16 | 91 | |
| 43 | 12 | 55 | | 46 | 20 | 123 | |
| 43 | 16 | 79 | | 46 | 24 | 160 | |
| 43 | 20 | 109 | | 46 | 28 | 212 | |

| HAUT. | LARG. | VALEUR. | HAUT. | LARG. | VALEUR. |
| --- | --- | --- | --- | --- | --- |
| po. | po. | fr.    c. | po. | po. | fr.    c. |
| 46 | 32 | 271 | 49 | 36 | 385 |
| 46 | 36 | 338 | 49 | 40 | 466 |
| 46 | 40 | 410 | 49 | 44 | 556 |
| 46 | 46 | 535 | 49 | 49 | 677 |
| 47 | 10 | 53 | 50 | 10 | 59 |
| 47 | 12 | 66 | 50 | 16 | 108 |
| 47 | 16 | 95 | 50 | 20 | 145 |
| 47 | 20 | 129 | 50 | 28 | 257 |
| 47 | 24 | 168 | 50 | 32 | 326 |
| 47 | 28 | 223 | 50 | 40 | 486 |
| 47 | 32 | 284 | 50 | 45 | 601 |
| 47 | 36 | 352 | 50 | 50 | 729 |
| 47 | 42 | 469 | 51 | 10 | 62 |
| 47 | 47 | 580 | 51 | 16 | 111 |
| 48 | 10 | 55 | 51 | 24 | 208 |
| 48 | 12 | 68 | 51 | 32 | 326 |
| 48 | 16 | 98 | 51 | 40 | 486 |
| 48 | 20 | 134 | 51 | 45 | 624 |
| 48 | 24 | 177 | 51 | 51 | 784 |
| 48 | 28 | 234 | 52 | 10 | 65 |
| 48 | 32 | 298 | 52 | 16 | 114 |
| 48 | 36 | 369 | 52 | 24 | 218 |
| 48 | 40 | 448 | 52 | 32 | 354 |
| 48 | 44 | 534 | 52 | 40 | 525 |
| 48 | 48 | 626 | 52 | 45 | 648 |
| 49 | 10 | 57 | 52 | 52 | 840 |
| 49 | 12 | 70 | 53 | 10 | 67 |
| 49 | 16 | 103 | 53 | 16 | 120 |
| 49 | 20 | 140 | 53 | 24 | 229 |
| 49 | 24 | 187 | 53 | 32 | 370 |
| 49 | 28 | 245 | 53 | 40 | 546 |
| 49 | 32 | 311 | 53 | 45 | 671 |

| HAUT. | LARG. | VALEUR. | | HAUT. | LARG. | VALEUR. | |
|---|---|---|---|---|---|---|---|
| po. | po. | fr. | c. | po. | po. | fr. | c. |
| 53 | 50 | 811 | | 57 | 50 | 927 | |
| 53 | 53 | 901 | | 57 | 57 | 1,167 | |
| 54 | 10 | 69 | | 58 | 10 | 80 | |
| 54 | 16 | 125 | | 58 | 16 | 153 | |
| 54 | 24 | 250 | | 58 | 24 | 295 | |
| 54 | 32 | 385 | | 58 | 32 | 450 | |
| 54 | 40 | 568 | | 58 | 40 | 653 | |
| 54 | 45 | 696 | | 58 | 45 | 799 | |
| 54 | 50 | 839 | | 58 | 50 | 957 | |
| 54 | 54 | 964 | | 58 | 58 | 1,242 | |
| 55 | 10 | 72 | | 59 | 10 | 85 | |
| 55 | 16 | 132 | | 59 | 16 | 160 | |
| 55 | 24 | 250 | | 59 | 24 | 295 | |
| 55 | 32 | 402 | | 59 | 32 | 468 | |
| 55 | 40 | 587 | | 59 | 40 | 677 | |
| 55 | 45 | 721 | | 59 | 45 | 826 | |
| 55 | 50 | 868 | | 59 | 50 | 989 | |
| 55 | 55 | 1,029 | | 59 | 55 | 1,166 | |
| 56 | 10 | 74 | | 59 | 59 | 1,319 | |
| 56 | 16 | 139 | | 60 | 10 | 88 | |
| 56 | 24 | 261 | | 60 | 16 | 167 | |
| 56 | 32 | 418 | | 60 | 24 | 307 | |
| 56 | 40 | 609 | | 60 | 32 | 485 | |
| 56 | 45 | 747 | | 60 | 40 | 700 | |
| 56 | 50 | 897 | | 60 | 45 | 853 | |
| 56 | 56 | 1,097 | | 60 | 50 | 1,021 | |
| 57 | 10 | 78 | | 60 | 55 | 1,202 | |
| 57 | 16 | 146 | | 60 | 60 | 1,399 | |
| 57 | 24 | 272 | | 61 | 10 | 91 | |
| 57 | 32 | 435 | | 61 | 16 | 175 | |
| 57 | 40 | 631 | | 61 | 24 | 320 | |
| 57 | 45 | 772 | | 61 | 32 | 503 | |

| HAUT. | LARG. | VALEUR. | HAUT. | LARG. | VALEUR. |
|---|---|---|---|---|---|
| po. | po. | fr. c. | po. | po. | fr. c. |
| 61 | 40 | 723 | 64 | 64 | 1,751 |
| 61 | 45 | 879 | 65 | 10 | 110 |
| 61 | 50 | 1,052 | 65 | 16 | 207 |
| 61 | 55 | 1,239 | 65 | 24 | 371 |
| 61 | 61 | 1,482 | 65 | 32 | 574 |
| 62 | 10 | 96 | 65 | 40 | 820 |
| 62 | 16 | 184 | 65 | 45 | 994 |
| 62 | 24 | 332 | 65 | 50 | 1,184 |
| 62 | 32 | 520 | 65 | 55 | 1,389 |
| 62 | 40 | 747 | 65 | 60 | 1,610 |
| 62 | 45 | 908 | 65 | 65 | 1,847 |
| 62 | 50 | 1,085 | 66 | 10 | 116 |
| 62 | 55 | 1,276 | 66 | 16 | 215 |
| 62 | 62 | 1,569 | 66 | 20 | 385 |
| 63 | 10 | 100 | 66 | 32 | 595 |
| 63 | 16 | 190 | 66 | 40 | 847 |
| 63 | 24 | 345 | 66 | 45 | 1,024 |
| 63 | 32 | 538 | 66 | 50 | 1,219 |
| 63 | 40 | 771 | 66 | 55 | 1,428 |
| 63 | 45 | 937 | 66 | 60 | 1,654 |
| 63 | 50 | 1,118 | 66 | 66 | 1,947 |
| 63 | 55 | 1,313 | 67 | 10 | 120 |
| 63 | 63 | 1,659 | 67 | 16 | 224 |
| 64 | 10 | 106 | 67 | 24 | 398 |
| 64 | 16 | 198 | 67 | 32 | 615 |
| 64 | 24 | 359 | 67 | 40 | 872 |
| 64 | 32 | 556 | 67 | 45 | 1,054 |
| 64 | 40 | 795 | 67 | 50 | 1 253 |
| 64 | 45 | 966 | 67 | 55 | 1,469 |
| 64 | 50 | 1,150 | 67 | 60 | 1,700 |
| 64 | 55 | 1,351 | 67 | 67 | 2,070 |
| 64 | 60 | 1,568 | 68 | 10 | 125 |

| HAUT. | LARG. | VALEUR. | | HAUT. | LARG. | VALEUR. | |
|---|---|---|---|---|---|---|---|
| po. | po. | fr. | c. | po. | po. | fr. | c. |
| 68 | 16 | 232 | | 71 | 16 | 260 | |
| 68 | 24 | 411 | | 71 | 24 | 455 | |
| 68 | 32 | 635 | | 71 | 32 | 694 | |
| 68 | 40 | 898 | | 71 | 40 | 980 | |
| 68 | 45 | 1,085 | | 71 | 45 | 1,179 | |
| 68 | 50 | 1,289 | | 71 | 50 | 1,397 | |
| 68 | 55 | 1,508 | | 71 | 55 | 1,631 | |
| 68 | 60 | 1,745 | | 71 | 60 | 1,883 | |
| 68 | 68 | 2,156 | | 71 | 65 | 2,153 | |
| 69 | 10 | 131 | | 71 | 71 | 2,547 | |
| 69 | 16 | 242 | | 72 | 10 | 147 | |
| 69 | 24 | 426 | | 72 | 16 | 268 | |
| 69 | 32 | 655 | | 72 | 24 | 469 | |
| 69 | 40 | 925 | | 72 | 32 | 716 | |
| 69 | 45 | 1,117 | | 72 | 40 | 1,008 | |
| 69 | 50 | 1,323 | | 72 | 45 | 1,212 | |
| 69 | 55 | 1,549 | | 72 | 50 | 1,434 | |
| 69 | 60 | 1,790 | | 72 | 55 | 1,673 | |
| 69 | 65 | 2,049 | | 72 | 60 | 1,932 | |
| 69 | 69 | 2,267 | | 72 | 65 | 2,206 | |
| 70 | 10 | 135 | | 72 | 72 | 2,720 | |
| 70 | 16 | 250 | | 73 | 10 | 153 | |
| 70 | 24 | 441 | | 73 | 16 | 278 | |
| 70 | 32 | 674 | | 73 | 24 | 484 | |
| 70 | 40 | 953 | | 73 | 32 | 737 | |
| 70 | 45 | 1,147 | | 73 | 40 | 1,036 | |
| 70 | 50 | 1,360 | | 73 | 45 | 1,244 | |
| 70 | 55 | 1,590 | | 73 | 50 | 1,472 | |
| 70 | 60 | 1,837 | | 73 | 55 | 1,717 | |
| 70 | 65 | 2,100 | | 73 | 60 | 1,979 | |
| 70 | 70 | 2,382 | | 73 | 65 | 2,258 | |
| 71 | 10 | 141 | | 73 | 73 | 2,901 | |

| HAUT. | LARG. | VALEUR. | | HAUT. | LARG. | VALEUR. | |
|---|---|---|---|---|---|---|---|
| po. | po. | fr. | c. | po. | po. | fr. | c. |
| 74 | 10 | 157 | | 76 | 60 | 2,127 | |
| 74 | 16 | 288 | | 76 | 65 | 2,448 | |
| 74 | 24 | 501 | | 76 | 70 | 2,895 | |
| 74 | 32 | 759 | | 76 | 75 | 3,408 | |
| 74 | 40 | 1,064 | | 77 | 10 | 175 | |
| 74 | 45 | 1,278 | | 77 | 16 | 318 | |
| 74 | 50 | 1,510 | | 77 | 24 | 547 | |
| 74 | 55 | 1,760 | | 77 | 32 | 826 | |
| 74 | 60 | 2,077 | | 77 | 40 | 1,153 | |
| 74 | 65 | 2,313 | | 77 | 45 | 1,379 | |
| 74 | 70 | 2,718 | | 77 | 50 | 1,627 | |
| 74 | 74 | 3,087 | | 77 | 55 | 1,893 | |
| 75 | 10 | 164 | | 77 | 60 | 2,177 | |
| 75 | 16 | 298 | | 77 | 65 | 2,529 | |
| 75 | 24 | 516 | | 77 | 70 | 2,985 | |
| 75 | 32 | 781 | | 77 | 75 | 3,535 | |
| 75 | 40 | 1,093 | | 78 | 10 | 183 | |
| 75 | 45 | 1.312 | | 78 | 16 | 328 | |
| 75 | 50 | 1,549 | | 78 | 24 | 563 | |
| 75 | 55 | 1.804 | | 78 | 32 | 849 | |
| 75 | 60 | 2,077 | | 78 | 40 | 1,183 | |
| 75 | 65 | 2,368 | | 78 | 45 | 1,415 | |
| 75 | 70 | 2,806 | | 78 | 50 | 1,668 | |
| 75 | 75 | 3,280 | | 78 | 55 | 1,938 | |
| 76 | 10 | 169 | | 78 | 60 | 2,229 | |
| 76 | 16 | 307 | | 78 | 65 | 2,611 | |
| 76 | 24 | 532 | | 78 | 70 | 3,078 | |
| 76 | 32 | 804 | | 78 | 75 | 3,667 | |
| 76 | 40 | 1,122 | | 79 | 10 | 188 | |
| 76 | 45 | 1,346 | | 79 | 16 | 339 | |
| 76 | 50 | 1,587 | | 79 | 24 | 580 | |
| 76 | 55 | 1.848 | | 79 | 32 | 872 | |

| HAUT. | LARG. | VALEUR. | | HAUT. | LARG. | VALEUR. | |
|---|---|---|---|---|---|---|---|
| po. | po. | fr. | c. | po. | po. | fr. | c. |
| 79 | 40 | 1,213 | | 82 | 10 | 207 | |
| 79 | 45 | 1,451 | | 82 | 16 | 370 | |
| 79 | 50 | 1,708 | | 82 | 24 | 631 | |
| 79 | 55 | 1,983 | | 82 | 32 | 944 | |
| 79 | 60 | 2,280 | | 82 | 40 | 1,306 | |
| 79 | 65 | 2,695 | | 82 | 45 | 1,561 | |
| 79 | 70 | 3,170 | | 82 | 50 | 1,833 | |
| 79 | 75 | 3,801 | | 82 | 55 | 2,125 | |
| 80 | 10 | 194 | | 82 | 60 | 2,487 | |
| 80 | 16 | 349 | | 82 | 65 | 2,952 | |
| 80 | 24 | 597 | | 82 | 70 | 3,513 | |
| 80 | 32 | 895 | | 82 | 75 | 4,213 | |
| 80 | 40 | 1,248 | | 83 | 10 | 213 | |
| 80 | 45 | 1,487 | | 83 | 16 | 381 | |
| 80 | 50 | 1,749 | | 83 | 24 | 649 | |
| 80 | 55 | 2,031 | | 83 | 32 | 968 | |
| 80 | 60 | 2,332 | | 83 | 40 | 1,339 | |
| 80 | 65 | 2,779 | | 83 | 45 | 1,597 | |
| 80 | 70 | 3,265 | | 83 | 50 | 1,876 | |
| 80 | 75 | 3,936 | | 83 | 55 | 2,174 | |
| 81 | 10 | 201 | | 83 | 60 | 2,565 | |
| 81 | 16 | 360 | | 83 | 65 | 3,040 | |
| 81 | 24 | 615 | | 83 | 70 | 3,642 | |
| 81 | 32 | 920 | | 83 | 75 | 4,355 | |
| 81 | 40 | 1,275 | | 84 | 10 | 221 | |
| 81 | 45 | 1,524 | | 84 | 16 | 392 | |
| 81 | 50 | 1,790 | | 84 | 24 | 667 | |
| 81 | 55 | 2,078 | | 84 | 32 | 992 | |
| 81 | 60 | 2,385 | | 84 | 40 | 1,372 | |
| 81 | 65 | 2,866 | | 84 | 45 | 1,635 | |
| 81 | 70 | 3,389 | | 84 | 50 | 1,918 | |
| 81 | 75 | 4,073 | | 84 | 55 | 2,223 | |

Miroiterie.  8

| HAUT. | LARG. | VALEUR. | | HAUT. | LARG. | VALEUR. | |
|---|---|---|---|---|---|---|---|
| po. | po. | fr. | c. | po. | po. | fr. | c. |
| 84 | 60 | 2,644 | | 87 | 70 | 4,169 | |
| 84 | 65 | 3,130 | | 87 | 75 | 4,947 | |
| 84 | 70 | 3,771 | | 88 | 10 | 248 | |
| 84 | 75 | 4,500 | | 88 | 16 | 438 | |
| 85 | 10 | 228 | | 88 | 24 | 738 | |
| 85 | 16 | 404 | | 88 | 32 | 1,095 | |
| 85 | 24 | 683 | | 88 | 40 | 1,505 | |
| 85 | 32 | 1,018 | | 88 | 50 | 2,094 | |
| 85 | 40 | 1,405 | | 88 | 60 | 2,976 | |
| 85 | 45 | 1,672 | | 88 | 70 | 4,307 | |
| 85 | 50 | 1,961 | | 88 | 75 | 5,100 | |
| 85 | 55 | 2,272 | | 89 | 10 | 255 | |
| 85 | 60 | 2,724 | | 89 | 16 | 449 | |
| 85 | 65 | 3,221 | | 89 | 24 | 757 | |
| 85 | 70 | 3,903 | | 89 | 32 | 1,121 | |
| 85 | 75 | 4,646 | | 89 | 40 | 1,539 | |
| 86 | 10 | 233 | | 89 | 50 | 2,140 | |
| 86 | 16 | 416 | | 89 | 60 | 3,061 | |
| 86 | 24 | 702 | | 89 | 70 | 4,446 | |
| 86 | 32 | 1,043 | | 89 | 75 | 5,255 | |
| 86 | 40 | 1,437 | | 90 | 10 | 263 | |
| 86 | 50 | 2,005 | | 90 | 16 | 462 | |
| 86 | 60 | 2,808 | | 90 | 24 | 777 | |
| 86 | 70 | 4,034 | | 90 | 32 | 1,147 | |
| 86 | 75 | 4,795 | | 90 | 40 | 1,574 | |
| 87 | 10 | 241 | | 90 | 50 | 2,187 | |
| 87 | 16 | 426 | | 90 | 60 | 3,148 | |
| 87 | 24 | 719 | | 90 | 70 | 4,591 | |
| 87 | 32 | 1,068 | | 90 | 75 | 5,412 | |
| 87 | 40 | 1,471 | | 91 | 10 | 270 | |
| 87 | 50 | 2,050 | | 91 | 16 | 474 | |
| 87 | 60 | 2,892 | | 91 | 24 | 795 | |

| HAUT. | LARG. | VALEUR. | | HAUT. | LARG. | VALEUR. | |
|---|---|---|---|---|---|---|---|
| po. | po. | fr. | c. | po. | po. | fr. | c. |
| 91 | 32 | 1,175 | | 94 | 75 | 6,063 | |
| 91 | 40 | 1,609 | | 95 | 10 | 300 | |
| 91 | 50 | 2,254 | | 95 | 16 | 524 | |
| 91 | 60 | 3,264 | | 95 | 24 | 875 | |
| 91 | 70 | 4,736 | | 95 | 32 | 1,285 | |
| 91 | 75 | 5,572 | | 95 | 40 | 1,755 | |
| 92 | 10 | 277 | | 95 | 50 | 2,539 | |
| 92 | 16 | 486 | | 95 | 60 | 3,739 | |
| 92 | 24 | 814 | | 95 | 70 | 5,332 | |
| 92 | 32 | 1,201 | | 95 | 75 | 6,232 | |
| 92 | 40 | 1,645 | | 96 | 10 | 308 | |
| 92 | 50 | 2,324 | | 96 | 16 | 537 | |
| 92 | 60 | 3,379 | | 96 | 24 | 895 | |
| 92 | 70 | 4,881 | | 96 | 32 | 1,313 | |
| 92 | 75 | 5,733 | | 96 | 40 | 1,791 | |
| 93 | 10 | 285 | | 96 | 50 | 2,613 | |
| 93 | 16 | 499 | | 96 | 60 | 3,862 | |
| 93 | 24 | 835 | | 96 | 70 | 5,486 | |
| 93 | 32 | 1,230 | | 96 | 75 | 6,402 | |
| 93 | 40 | 1,681 | | 97 | 10 | 317 | |
| 93 | 50 | 2,394 | | 97 | 16 | 551 | |
| 93 | 60 | 3,497 | | 97 | 24 | 916 | |
| 93 | 70 | 5,029 | | 97 | 32 | 1,342 | |
| 93 | 75 | 5,897 | | 97 | 40 | 1,828 | |
| 94 | 10 | 292 | | 97 | 50 | 2,685 | |
| 94 | 16 | 512 | | 97 | 60 | 3,986 | |
| 94 | 24 | 855 | | 97 | 70 | 5,642 | |
| 94 | 32 | 1,257 | | 97 | 75 | 6,575 | |
| 94 | 40 | 1,717 | | 98 | 10 | 323 | |
| 94 | 50 | 2,466 | | 98 | 16 | 563 | |
| 94 | 60 | 3,047 | | 98 | 24 | 936 | |
| 94 | 70 | 5,179 | | 98 | 32 | 1,372 | |

| HAUT. | LARG. | VALEUR. | | HAUT. | LARG. | VALEUR. | |
|---|---|---|---|---|---|---|---|
| po. | po. | fr. | c. | po. | po. | fr. | c. |
| 98 | 40 | 1,866 | | 102 | 10 | 358 | |
| 98 | 50 | 2,761 | | 102 | 16 | 618 | |
| 98 | 60 | 4,114 | | 102 | 24 | 1,023 | |
| 98 | 70 | 5.799 | | 102 | 32 | 1.491 | |
| 98 | 75 | 6,750 | | 102 | 40 | 2,061 | |
| 99 | 10 | 331 | | 102 | 50 | 3,122 | |
| 99 | 16 | 578 | | 102 | 60 | 4,639 | |
| 99 | 24 | 958 | | 102 | 70 | 6,452 | |
| 99 | 32 | 1,400 | | 102 | 75 | 7,471 | |
| 99 | 40 | 1,904 | | 103 | 10 | 365 | |
| 99 | 50 | 2,838 | | 103 | 16 | 633 | |
| 99 | 60 | 4,243 | | 103 | 24 | 1,045 | |
| 99 | 70 | 5,960 | | 103 | 32 | 1,521 | |
| 99 | 75 | 6,927 | | 103 | 40 | 2,122 | |
| 100 | 10 | 341 | | 103 | 50 | 3,227 | |
| 100 | 16 | 592 | | 103 | 60 | 4,774 | |
| 100 | 24 | 980 | | 103 | 70 | 6,621 | |
| 100 | 32 | 1,430 | | 103 | 75 | 7,657 | |
| 100 | 40 | 1,944 | | 104 | 10 | 375 | |
| 100 | 50 | 2,915 | | 104 | 16 | 647 | |
| 100 | 60 | 4,373 | | 104 | 24 | 1,067 | |
| 100 | 70 | 6,122 | | 104 | 32 | 1,552 | |
| 100 | 75 | 7,106 | | 104 | 40 | 2,184 | |
| 101 | 10 | 349 | | 104 | 50 | 3,335 | |
| 101 | 16 | 605 | | 104 | 60 | 4,912 | |
| 101 | 24 | 1,002 | | 104 | 70 | 6,791 | |
| 101 | 32 | 1,460 | | 104 | 75 | 7,845 | |
| 101 | 40 | 2,002 | | 105 | 10 | 383 | |
| 101 | 50 | 3,018 | | 105 | 16 | 661 | |
| 101 | 60 | 4,505 | | 105 | 24 | 1,089 | |
| 101 | 70 | 6,287 | | 105 | 32 | 1,584 | |
| 101 | 75 | 7,288 | | 105 | 40 | 2,245 | |

| HAUT. | LARG. | VALEUR. | HAUT. | LARG. | VALEUR. |
|---|---|---|---|---|---|
| po. | po. | fr. c. | po. | po. | fr. c. |
| 105 | 50 | 3,443 | 109 | 32 | 1,728 |
| 105 | 60 | 5,050 | 109 | 40 | 2,500 |
| 105 | 70 | 6,963 | 109 | 50 | 3,893 |
| 105 | 75 | 8,036 | 109 | 60 | 5,624 |
| 106 | 10 | 391 | 109 | 70 | 7,674 |
| 106 | 16 | 675 | 109 | 75 | 9,295 |
| 106 | 24 | 1,113 | 110 | 10 | 428 |
| 106 | 32 | 1,615 | 110 | 16 | 736 |
| 106 | 40 | 2,308 | 110 | 24 | 1,206 |
| 106 | 50 | 3,553 | 110 | 32 | 1,779 |
| 106 | 60 | 5,191 | 110 | 40 | 2,565 |
| 106 | 70 | 7,138 | 110 | 50 | 4,008 |
| 106 | 75 | 8,344 | 110 | 60 | 5,772 |
| 107 | 10 | 400 | 110 | 70 | 7,856 |
| 107 | 16 | 691 | 110 | 75 | 9,620 |
| 107 | 24 | 1,136 | 111 | 10 | 437 |
| 107 | 32 | 1,647 | 111 | 16 | 751 |
| 107 | 40 | 2,371 | 111 | 24 | 1,231 |
| 107 | 50 | 3,665 | 111 | 32 | 1,829 |
| 107 | 60 | 5,334 | 111 | 40 | 2,654 |
| 107 | 70 | 7,314 | 111 | 50 | 4,126 |
| 107 | 75 | 8,656 | 111 | 60 | 5,922 |
| 108 | 10 | 409 | 111 | 70 | 8,501 |
| 108 | 16 | 706 | 111 | 75 | 9,950 |
| 108 | 24 | 1,159 | 112 | 10 | 447 |
| 108 | 32 | 1,680 | 112 | 16 | 767 |
| 108 | 40 | 2,435 | 112 | 24 | 1,254 |
| 108 | 50 | 3,779 | 112 | 32 | 1,881 |
| 108 | 60 | 5,478 | 112 | 40 | 2,742 |
| 108 | 70 | 7,493 | 112 | 50 | 4,245 |
| 108 | 75 | 8,973 | 112 | 60 | 6,073 |
| 109 | 10 | 419 | 112 | 70 | 8,456 |
| 109 | 16 | 721 | 112 | 75 | 10,284 |
| 109 | 24 | 1,183 | | | |

## Bandes.

| HAUT. | LARG. | VALEUR fr. | c. | HAUT. | LARG. | VALEUR fr. | c. |
|---|---|---|---|---|---|---|---|
| po. | po. | fr. | c. | po. | po. | fr. | c. |
| 12 | 1 |  | 20 | 63 | 1 | 7 | 70 |
| 13 | 1 |  | 30 | 46 | 2 | 8 | 40 |
| 14 | 1 |  | 30 | 50 | 2 | 9 | 90 |
| 20 | 1 |  | 60 | 55 | 2 | 12 | 10 |
| 25 | 1 |  | 90 | 63 | 2 | 16 | 50 |
| 27 | 1 | 1 |  | 46 | 3 | 12 | 80 |
| 12 | 2 |  | 40 | 50 | 3 | 15 | 40 |
| 16 | 2 |  | 90 | 55 | 3 | 19 |  |
| 20 | 2 | 1 | 80 | 63 | 3 | 25 | 30 |
| 27 | 2 | 2 | 40 | 64 | 1 | 7 | 90 |
| 12 | 3 |  | 90 | 70 | 1 | 9 | 90 |
| 16 | 3 | 1 | 50 | 75 | 1 | 12 | 30 |
| 20 | 3 | 2 | 60 | 82 | 1 | 16 | 10 |
| 27 | 3 | 3 | 70 | 64 | 2 | 17 | 20 |
| 28 | 1 | 1 | 10 | 70 | 2 | 21 | 70 |
| 32 | 1 | 1 | 50 | 75 | 2 | 27 |  |
| 40 | 1 | 2 | 80 | 82 | 2 | 35 | 20 |
| 45 | 1 | 3 | 60 | 64 | 3 | 26 | 10 |
| 28 | 2 | 2 | 60 | 70 | 3 | 33 | 60 |
| 32 | 2 | 3 | 50 | 75 | 3 | 42 |  |
| 40 | 2 | 5 | 90 | 82 | 3 | 54 |  |
| 45 | 2 | 7 | 90 | 83 | 1 | 16 | 70 |
| 28 | 3 | 4 |  | 90 | 1 | 21 | 20 |
| 32 | 3 | 5 | 80 | 95 | 1 | 24 | 50 |
| 40 | 3 | 9 | 20 | 100 | 1 | 28 | 10 |
| 45 | 3 | 12 | 10 | 83 | 2 | 36 | 30 |
| 46 | 1 | 3 | 80 | 90 | 2 | 46 |  |
| 50 | 1 | 4 | 60 | 95 | 2 | 53 |  |
| 55 | 1 | 5 | 70 | 100 | 2 | 61 |  |

| HAUT. | LARG. | VALEUR. | | HAUT. | LARG. | VALEUR. | |
|---|---|---|---|---|---|---|---|
| po. | po. | fr. | c. | po. | po. | fr. | c. |
| 83 | 3 | 56 | | 48 | 5 | 24 | 50 |
| 90 | 3 | 69 | | 52 | 5 | 29 | 20 |
| 95 | 3 | 80 | | 60 | 5 | 40 | |
| 100 | 3 | 92 | | 65 | 5 | 48 | |
| 12 | 4 | 1 | 30 | 48 | 6 | 30 | 30 |
| 16 | 4 | 2 | 40 | 52 | 6 | 36 | |
| 22 | 4 | 4 | | 60 | 6 | 48 | |
| 29 | 4 | 6 | 20 | 65 | 6 | 59 | |
| 12 | 5 | 1 | 80 | 66 | 4 | 38 | 50 |
| 16 | 5 | 3 | 10 | 70 | 4 | 47 | |
| 22 | 5 | 5 | 10 | 75 | 4 | 57 | |
| 29 | 5 | 8 | 10 | 80 | 4 | 69 | |
| 12 | 6 | 2 | 40 | 83 | 4 | 76 | |
| 16 | 6 | 3 | 50 | 66 | 5 | 50 | |
| 22 | 6 | 8 | 90 | 70 | 5 | 59 | |
| 29 | 6 | 10 | 10 | 75 | 5 | 74 | |
| 30 | 4 | 6 | 60 | 80 | 5 | 88 | |
| 35 | 4 | 9 | 50 | 83 | 5 | 97 | |
| 40 | 4 | 12 | 80 | 66 | 6 | 62 | |
| 47 | 4 | 18 | 20 | 70 | 6 | 74 | |
| 30 | 5 | 8 | 80 | 75 | 6 | 90 | |
| 35 | 5 | 12 | 30 | 80 | 6 | 108 | |
| 40 | 5 | 16 | 50 | 83 | 6 | 119 | |
| 47 | 5 | 23 | 40 | 84 | 4 | 78 | |
| 30 | 6 | 11 | | 90 | 4 | 95 | |
| 35 | 6 | 15 | 20 | 95 | 4 | 109 | |
| 40 | 6 | 20 | 40 | 100 | 4 | 125 | |
| 47 | 6 | 28 | 60 | 84 | 5 | 100 | |
| 48 | 4 | 19 | | 90 | 5 | 120 | |
| 52 | 4 | 22 | 80 | 95 | 5 | 139 | |
| 60 | 4 | 31 | 40 | 100 | 5 | 157 | |
| 65 | 4 | 37 | 40 | 84 | 6 | 123 | |

| HAUT. | LARG. | VALEUR. | | HAUT. | LARG. | VALEUR. | |
| --- | --- | --- | --- | --- | --- | --- | --- |
| po. | po. | fr. | c. | po. | po. | fr. | c. |
| 90 | 6 | 147 | | 60 | 8 | 67 | |
| 95 | 6 | 169 | | 65 | 8 | 84 | |
| 100 | 6 | 193 | | 48 | 9 | 48 | |
| 12 | 7 | 3 | 70 | 55 | 9 | 64 | |
| 16 | 7 | 5 | | 60 | 9 | 76 | |
| 22 | 7 | 6 | 80 | 65 | 9 | 97 | |
| 29 | 7 | 12 | 30 | 66 | 7 | 75 | |
| 12 | 8 | 4 | 20 | 72 | 7 | 96 | |
| 16 | 8 | 5 | 50 | 78 | 7 | 139 | |
| 22 | 8 | 8 | 10 | 83 | 7 | 142 | |
| 29 | 8 | 14 | 70 | 66 | 8 | 88 | |
| 12 | 9 | 4 | 60 | 72 | 8 | 112 | |
| 16 | 9 | 6 | 40 | 78 | 8 | 139 | |
| 22 | 9 | 9 | 70 | 83 | 8 | 165 | |
| 29 | 9 | 17 | 20 | 66 | 9 | 101 | |
| 30 | 7 | 13 | 60 | 72 | 9 | 130 | |
| 40 | 7 | 24 | 50 | 78 | 9 | 161 | |
| 47 | 7 | 34 | 70 | 83 | 9 | 189 | |
| 30 | 8 | 15 | 80 | 84 | 7 | 146 | |
| 40 | 8 | 28 | 90 | 90 | 7 | 175 | |
| 47 | 8 | 40 | | 95 | 7 | 200 | |
| 30 | 9 | 18 | 20 | 100 | 7 | 228 | |
| 40 | 9 | 33 | 30 | 84 | 8 | 171 | |
| 47 | 9 | 46 | | 90 | 8 | 204 | |
| 48 | 7 | 35 | 80 | 95 | 8 | 233 | |
| 55 | 7 | 48 | | 100 | 8 | 264 | |
| 60 | 7 | 57 | | 84 | 9 | 195 | |
| 65 | 7 | 72 | | 90 | 9 | 232 | |
| 48 | 8 | 42 | | 95 | 9 | 266 | |
| 55 | 8 | 56 | | 100 | 9 | 303 | |

*Observation.* On accordera pour toutes les glaces neuves indistinctement, pour la *glace*, l'*étamage* et la *pose*, le prix du dernier tarif, et 5 pour 100 en sus; et le prix du tarif pour toute vieille glace non rétamée; 10 pour 100 de la valeur de la glace, d'après le tarif, pour l'étamage refait sur un volume quelconque; 2 et demi pour pose ou pour dépose et repose d'anciennes glaces.

FIN DE LA MIROITERIE.

# TAPISSERIE.



*Prix des matières pour les couchers.*

L'ART du tapissier embrasse la partie
de décor, pour la pose des rideaux, et
toute espèce de draperies. Nous ne traite-
rons que des ouvrages les plus courans.

|  | fr. | c. |
|---|---|---|
| Mère laine, pour matelas, première qualité, la livre. . . . | 2 | |
| *Id.* deuxième qualité, la livre . . . . . . . . . . . . . . . | 1 | 50 |
| Troisième qualité . . . . . . . . . | 1 | 30 |
| Laine appelée cuisse, la livre | 1 | 10 |
| Crin d'échantillon, non échar-pelé. . . . . . . . . . . . . . . . | 1 | 80 |
| Crin ordinaire. . . . . . . . . . | 1 | 30 |
| Plume, première qualité . . . | 4 | |
| *Id.* deuxième qualité . . | 3 | 50 |
| *Id.* troisième *id.* . . . . | 3 | |
| *Id.* quatrième qualité, | | |

|  | f |  |
|---|---|---|
| propres aux coussins et aux oreillers de meubles . . . . . . . . . | 2 |  |
| Duvet, première qualité . . . | 8 |  |
| *Id*. deuxième *id*. . . . . | 6 |  |
| Édredon tout travaillé . . . . | 24 |  |
| Treillis pour lit de sangles, l'aune de quatre pieds . . . . . | 1 | 75 |
| Toile à carreaux, pour matelas, bon teint. . . . . . . . . . . | 1 | 70 |
| *Id*. meilleur teint . . . | 2 | 40 |
| Futaine, deux tiers de large, première qualité . . . . . . . . | 3 | 25 |
| *Id*. deuxième qualité . . | 2 | 75 |
| Toile de coton, trois quarts de large, de. . . . . . . 3 fr. 50 c. à | 4 |  |
| Coutil de Bruxelles, première qualité . . . . . . . . . . . . . | 8 |  |
| *Id*. deuxième *id*. . . . . | 7 |  |
| Coutil de Coutance . . . . . . | 3 | 50 |
| Couverture en laine, pour lit de 3 pieds, de. . . . . . . 20 à | 30 |  |
| Couverture *id*., 3 p. 6 p. 28 à | 40 |  |
| *Id*. 4 pieds, de . . 28 à | 48 |  |
| Couverture de coton, pour lit |  |  |

|  | fr. | c. |
|---|---|---|
| de 3 pieds, de. . . . . . . . 12 à | 14 | |
| *Id.* 3 p. 6 p. de . . 12 à | 15 | |
| *Id.* 4 p. de . . . . . 15 à | 20 | |
| Velours d'Utrecht, de Lille, de . . . . . . . . . . . . . 6 à | 7 | |
| *Id.* d'Amiens . . . . . . | 8 | |
| *Id.* d'Abbeville . . . . . | 10 | |

Les velours de laine, unis, coûtent 1 fr. de plus par aune.

| Velours cramoisi à médaillon. | 14 | |
| Velours de soie léger . . . . . | 24 | |
| *Id.* à trois et quatre poils. | 32 | |
| *Id.* d'une aune de largeur. | 60 | |

| Étoffe de crin, en raison de son travail, vaut l'aune, de 4 fr. 50 c. à | 8 | |
| La pièce de sangle, contenant huit aunes, vaut . . . . . . . . . | | 90 |
| Étoffes de soie : Florence, bonne qualité, couleur ordinaire. | 5 | |
| Taffetas d'Italie, sept douzièmes . . . . . . . . . . . . . . | 6 | 50 |
| *Id.* d'Angleterre, très-forts, cinq huitièmes, pour meubles . . . . . . . . . . . . . . . | 7 | 50 |

| | fr. | c. |
|---|---|---|
| Taffetas fort, quinze seizièmes. | 15 | 50 |
| Gourgouran, uni, rayé, léger. | 10 | |
| Fort gourgouran, uni . . . . | 12 | |
| *Id.*, *id.*, façonné . . . . | 14 | |
| Damas léger, à une, deux et trois couleurs . . . . . . . . : | 13 | |
| Damas, *id.*, très-fort . . . . | 16 | |

Les couleurs fines, comme le violet, l'orange, le souci, le cramoisi, augmentent les étoffes de soie, par aune, suivant la largeur et la qualité.

| | fr. | c. |
|---|---|---|
| Les bois ordinaires de fauteuils, en acajou . . . . . . . . | 28 | |
| Les accotoirs en volute . . . . | 32 | |
| Les chaises gondoles . . . . . | 20 | |
| *Id.*, *id.*, dites à l'anglaise . . . . . . . . . . . . | 22 | |
| Bois de canapé ordinaire. . . | 56 | |
| Petit lit de repos, dossier renversé . . . . . . . . . . . . . | 70 | |

Les fauteuils dont les bois sont sculptés, et qui par conséquent ont exigé une grande main-d'œu-

fr.    c.

vre, se vendent près du double
que les fauteuils ordinaires.

Un lit, en acajou, à bateau,
ordinaire, de 3 pieds et demi,
va dans les prix de  . . 100 fr. à 120

Le même lit, à dossier renversé, portant socle et filet
pourtournant, coûte de 300 à 400

Il y a de ces lits, très-ouvragés,
ornés de bronze, qui vont dans
un prix très-élevé ; il est à remar-
quer qu'en ébénisterie, les prix
varient suivant les ouvriers qui
ont confectionné les meubles ;
ainsi un meuble, sorti des ate-
liers de M. Jacob, se paiera un
tiers de plus que dans un autre
magasin.

Les tapissiers emploient des ouvriers des deux sexes. Les hommes sont occupés à confectionner
les siéges, et à faire la pose des
rideaux, draperies, etc., etc.

Les femmes font l'assemblage

fr.    c.

des étoffes, des siéges, confection-
nent les rideaux, les draperies, etc.

La journée des garçons tapissier se paie. . . . . . . . . . .   4

La journée des femmes . . . .   1   50

Les siéges se font à façon, et se
paient, fauteuil ordinaire, à dossier garni, avec clous dorés ou
crêtes . . . . . . . . . . . . . .   4

Bergères . . . . . . . . . . . .   5

Chaise gondole . . . . . . . . .   3

*Id.* à l'anglaise avec clous dorés.   3   50

Le fauteuil façonné à l'anglaise,
c'est-à-dire le fond piqué à trois
fois, pour rendre le siége et le
dossier bien carrés. . . . . . . .   8

Un tabouret de pied . . . . .   2

Un canapé de 5 à 6 pieds
de long, compte pour trois fauteuils.

Un carreau de canapé, piqué.   6

La confection des housses pleines, en toile de coton ou autre

|                                                          | fr. | c. |
|----------------------------------------------------------|-----|----|
| étoffe, pour fauteuils . . . . . .                       | 1   | 50 |
| *Id.*, bergères . . . . . . .                            | 2   |    |
| *Id.*, chaises . . . . . . .                             | 1   |    |
| *Id.*, canapés . . . . . .                               | 4   |    |
| *Id.*, d'un oreiller. . . . .                            | 1   | 50 |

Façon d'un traversin, compris fourniture de cire . . . . . . . .       1   50

Les rideaux de croisées, à un lé et demi, de 7 à 8 pieds de hauteur, faits en soie, mousseline ou autre étoffe, garnis de crêtes et franges, reviennent, par croisée, à     3

Les grands rideaux, à deux lés.     5

Les petits rideaux, en mousseline, pour croisée ou porte vitrée.     1

Les pentes, garnies de franges et crêtes, valent, par chaque croisée.     4

La façon d'un matelas, de 3 pieds, pour cardage et le récentoiler . . . . . . . . . . . . . . .     1   25

*Id.*, pour un matelas, de 3 pieds et demi à quatre pieds. .     1   50

Les sommiers se paient le même prix que les matelas.

fr.　　c.

Façon d'un lit de plumes, de
3 pieds et demi à 4 pieds, revient,
compris fourniture de cire. . . . .　5

Dans une bergère il entre 3 livres de
crin; pour un fauteuil à dossier garni, de
6 à 7 livres; pour un canapé, de 5 pieds
et demi à 6 pieds, de 34 à 38 livres.

Dans un sommier de 4 pieds, 32 livres
de crin, et dans un matelas de même
grandeur, autant de laine; dans un matelas
de 3 pieds, 25 livres de laine.

Les ouvrages de passementerie pour
meubles, sont : franges, galons, crêtes, etc.;
les matières propres à ces ouvrages sont l'or,
l'argent, la soie, la laine, le coton, le fil.

L'or de Paris est le plus beau, le mieux
doré et d'une seule qualité. L'or de Lyon
est de quatre qualités différentes; l'or de
Lyon, marqué 48, approche de très-près
celui de Paris, et a sur lui l'avantage de la
souplesse et de la légèreté; pour la solidité,
l'or 42 est moins avantageux que le précédent; l'or 26 et 28 sont deux qualités de
beaucoup inférieures à la première, en ce
qu'ils ont moins de brillant, et perdent
promptement leur couleur.

L'or faux, appelé demi-fin, est d'un

usage très-fréquent; le demi-fin se marque de même que l'or fin. L'or, l'argent, fins ou faux, s'apprêtent pour la passementerie en trait, qui est de fil pur; en filet, qui est la matière roulée sur un fil de soie; en lame, qui est le fil pur laminé; et enfin en paillons ou en feuilles. La soie propre à faire les franges, les crêtes et les galons, se tire d'Alais, département du Gard. La soie organsin est destinée aux galons brochés.

|  | fr. | c. |
|---|---|---|
| Or fin de Paris, en lame, en trait ou en filet, la lame forte, l'once | 11 | |
| Or fin de Lyon, marque 48 | 11 | |
| *Id.* 42 | 10 | |
| *Id.* 36 | 9 | |
| *Id.* 28 | 8 | |
| Paillon fin pour satinage, en or fin | 18 | |
| *Id.* en argent | 16 | |
| Or faux, ou demi-fin, marque 48 | 5 | |
| *Id.* 42 | 4 | 50 |
| *Id.* 36 | 3 | |
| Paillon faux, marque 36, se | | |

|  | fr. | c. |
|---|---|---|
| vendant à la feuille, l'once vaut . | 7 | |
| Argent fin, première qualité . | 9 | |
| Argent fin, filé sur soie . . . | 8 | |
| Argent faux et commun. . . . | 1 | 25 |
| Soie d'Alais, grenade, toute dévidée, en couleur ordinaire, l'once . . . . . . , . . . . . . | 3 | 75 |
| La même teinte en violet fin ou aurore . . . . . . . . . . . . . | 4 | |
| *Id.* en rose tendre . . . . . . . | 4 | 25 |
| *Id.* en rose moyen . . . . . . | 4 | 75 |
| *Id.* en rose vif. . . . . . . . | 5 | 25 |
| *Id.* en cramoisi fin . . . . . . | 5 | |
| *Id.* en couleur cerise après le ponceau . . . . . . . . . . . . . | 5 | 75 |
| *Id.* en ponceau . . . . . . . . | 7 | |
| La soie capiton en écheveaux . | 1 | 50 |
| La soie filoselle, couleur ordinaire . . . . . . . . . . . . . | 1 | 25 |

Les mêmes matières fabriquées comptées au poids.

Or fin de Paris, fabriqué en ornemens, et employé aux crêtes et galons, ouvrage ordinaire et ma-

|  | fr. | c. |
|---|---|---|
| tière pure, l'once . . . . . . . . . | 14 | |
| Galon plein, en même or, mais avec chaîne en soie . . . . . . . | 11 | |
| Galon broché, matière or et soie très-légère . . . . . . . . . | 15 | |
| Or faux, marque 48, employé en franges, crêtes et galons . . . | 7 | |
| Argent fin pour le même usage | 11 | 25 |
| Soie d'Alais, grenade, employée de même, en couleur ordinaire, et matière pure . . . . . . . . . . | 5 | 75 |
| Les crêtes à jour, en pure soie, couvertes de même . . . . . . . | 4 | |
| Les mêmes sur fond filoselle . | 3 | |
| *Id.*, mais la trame en fil et bien couverte, chaîne et trame en soie grenade . . . . . . . . . | 5 | |
| Galon figuré en soie filoselle . | 2 | |
| Cordon de tirage, fait au boisseau, en soie filoselle, sans âme. | 2 | |
| Cordon *id.* en soie filoselle, l'âme en fil . . . . . . . . . . . | 1 | 20 |
| Câble en soie, l'âme en filoselle. | 4 | |
| La façon des ouvrages satinés, | | |

|  | fr. | c. |
|---|---|---|

imitant la broderie en or et argent, se paie aux ouvriers, l'once.    6

La frange ordinaire, *id.* . . . .    1

Le galon . . . . . . . . . . .       75

Les franges se comptent à l'aune; on en distingue de trois sortes, les franges tout en soie, celles en laine et soie, celles tout en coton

Les belles franges en soie d'Alais, montées sur ganse en fond filoselle recouvert en belle soie, ayant des mirzas, des flèches, ou semblables garnitures, et 36 pièces à l'aune, portant 6° de hauteur, se vendent . . . . . . . .    10

Celles de 5° et demi . . . . . .    9

*Id.* 5° . . . . . . . . . . . . .    8

*Id.* 4° et demi . . . . . . . . .    6    75

*Id.* 4° . . . . . . . . . . . . .    5

Les mêmes franges, le fond filoselle non recouvert en soie d'Alais, de 6° . . . . . . . . . . .    8

*Id.* 5° . . . . . . . . . . . . .    6    25

*Id.* 4° . . . . . . . . . . . . .    4

Frange de 4° de hauteur, le fond en laine, garni en soie à quadrille, ayant 36 pièces à l'aune, et deux rangs de perles de hauteur, vaut . . . . . . . . .  2  50

*Id*. et 30 pièces à l'aune . . .  2

*Id*. 24 . . . . . . . . . . . . .  1  60

Franges en coton noué, à quadrille, de 6° de hauteur . . . . .  4

*Id*. 4° et demi de hauteur . .  2  50

Crêtes à jour en forme de lyre, portant douze lignes de large, l'aune . . . . . . . . . . . . . . .      75

Chaque ligne de moins sur cette largeur diminue le prix de 5 centimes par aune, chaque ligne de plus, lorsque les cordonnets sont proportionnés à la largeur, augmente le prix de 8 centimes par aune, jusqu'à 18 lignes de largeur, et au-dessus, 10 centimes par lignes.

Crête *id*. à trois cordonnets en laine et les mirzas en soie, por-

fr.   c.

tant douze lignes de largeur, l'aune vaut. . . . . . . . . . .   50

Crête *id.* à 2 cordonnets, 35 à   40

*Id.* en coton, belle qualité, de douze lignes de large. . . .   75

*Id.* en coton inférieur, 50 à   60

Le galon de soie brochée, à deux navettes, de douze lignes de large, vaut l'aune. . . . . . . . .  1  80

*Id.* à trois et quatre navettes, vaut *id.* . . . . . . . . . . . . . .  2  40

Le galon doubletté, douze lignes de large, dont la chaîne couvre parfaitement la trame de de fil, vaut l'aune. . . . . . . . .  1  20

*Id.* dont la chaîne est très-faible. . . . . . . . . . . . . . . .   75

Le galon à clouer est de deux espèces : l'une et l'autre sont en or faux, portent quatre lignes de large, et sont à deux larmes. Le premier vient de Lyon, et vaut l'aune. . . . . . . . . . . . . . . .   25

Le second se fabrique à Paris, et vaut l'aune . . . . . . . . . .   35

fr. c.

Le galon à double chaînette, en or demi fin, portant six lignes de large, vaut l'aune . . . 75

Les câbles pour draperies, portant 6 lignes de diamètre, faits en soie, et l'aune en soie, bien couverte . . . . . . . . . . 3 50

*Id.*, en filoselle, même grosseur . . . . . . . . . . . . 1 50

*Id.*, en laine à broder, *id.* 60

*Id.*, 5 lignes de grosseur. 50

Les cordons, tout en soie-filoselle, faits au boisseau, l'aune pesant environ 4 gros, pour cordons de rideaux . . . . . . . . . 1

*Id.*, en filoselle, et l'aune en fil, faits au boisseau. . . . . 60

*Id.*, faits à la mécanique. 35

*Id.*, en fil, faits au boisseau . . . . . . . . . . . . . 30

*Id.*, *id.*, faits à la mécanique . . . . . . . . . . . . 20

Glands d'embrasse et de cordon, le fort gland en soie, fait à

|  | fr. | c. |
|---|---|---|
| jour, bien garni, avec une gance en cartisane, vaut . . . . . . . . | 5 | |
| Le gland, dont le fond est en belle laine à broder, et couvert en soie . . . . . . . . . . . . . | 1 | 25 |
| Gland en coton, sur bois . . | 1 | 25 |
| *Id.*, mais dont le moule est en linge au lieu d'être en bois . . . . . . . . . . . . . | 1 | 50 |
| *Id.*, sur galon . . . . . | 2 | |

FIN DE LA TAPISSERIE.

# TABLE

## DES MATIÈRES.

FIN DE LA TABLE.